もくじ

東京書籍版 数学3年

テストの範囲や学習予定日をかこう！

学習計画	
出題範囲	学習予定日
5/14	5/10
テストの日	5/11

1章 [多項式] 文字式を使って説明しよう

1節 多項式の計算

テストに出る! 教科書のココが要点

さらっとまとめ (赤シートを使って，□に入るものを考えよう。)

1 多項式と単項式の乗除 教 p.12〜p.13

・[分配法則]を使って計算する。　・$a(b+c)=$[$ab+ac$]

・$(a+b)\div c=(a+b)\times\frac{1}{c}=$[$\frac{a}{c}+\frac{b}{c}$]

2 多項式の乗法 教 p.14〜p.15

・積の形の式を，かっこをはずして単項式の和の形に表すことを，[展開する]という。

$(a+b)(c+d)=$[$ac+ad+bc+bd$]

3 乗法公式 教 p.16〜p.21

公式1　$(x+a)(x+b)=$[$x^2+(a+b)x+ab$]

公式2　$(x+a)^2=$[$x^2+2ax+a^2$]　公式3　$(x-a)^2=$[$x^2-2ax+a^2$]

公式4　$(x+a)(x-a)=$[x^2-a^2]

スピード確認 (□に入るものを答えよう。答えは，下にあります。)

1

□ $3a(2a-5b)=3a\times 2a-3a\times 5b=$ ①

□ $(8x^2+6xy)\div\frac{2}{3}x=(8x^2+6xy)\times$ ② $=$ ③　★除法は乗法になおして計算する。

2

□ $(2x-3)(x+4)=2x^2+$ ④ $x-3x-12=$ ⑤

$(a+b)(c+d)=ac+ad+bc+bd$

3

□ $(x+7)(x-3)=x^2+\{7+($ ⑥ $)\}x+7\times(-3)=$ ⑦

$(x+a)(x+b)=x^2+(a+b)x+ab$　★乗法公式1

□ $(x+4)^2=x^2+$ ⑧ $\times 4\times x+4^2=$ ⑨

$(x+a)^2=x^2+2ax+a^2$　★乗法公式2

□ $(a-6)^2=a^2-2\times 6\times a+6^2=$ ⑩

$(x-a)^2=x^2-2ax+a^2$　★乗法公式3

□ $(y+3)(y-3)=y^2-$ ⑪ $^2=$ ⑫

$(x+a)(x-a)=x^2-a^2$　★乗法公式4

①＿＿＿＿
②＿＿＿＿
③＿＿＿＿
④＿＿＿＿
⑤＿＿＿＿
⑥＿＿＿＿
⑦＿＿＿＿
⑧＿＿＿＿
⑨＿＿＿＿
⑩＿＿＿＿
⑪＿＿＿＿
⑫＿＿＿＿

答　① $6a^2-15ab$　② $\frac{3}{2x}$　③ $12x+9y$　④ 8　⑤ $2x^2+5x-12$　⑥ -3　⑦ $x^2+4x-21$　⑧ 2　⑨ $x^2+8x+16$　⑩ $a^2-12a+36$　⑪ 3　⑫ y^2-9

基礎力UP テスト対策問題

1 多項式と単項式の乗除　次の計算をしなさい。

(1) $2a(4a+3b)$　　(2) $(6x^2-9x)\div 3x$

(3) $2x(x-1)-3x(4-x)$　　(4) $(-20x^3+4xy)\div\left(-\frac{4}{5}x\right)$

2 多項式の乗法　次の式を展開しなさい。

(1) $(a-1)(b+2)$　　(2) $(x-5)(x-3)$

(3) $(x+2)(2x-3)$　　(4) $(3a+7)(a-6)$

(5) $(a+4)(a-3b+2)$　　(6) $(x+2y-3)(x-2)$

3 乗法公式　次の計算をしなさい。

(1) $(x+5)(x+2)$　　(2) $(x+4)(x-6)$

(3) $(x+4)^2$　　(4) $\left(a-\frac{1}{4}\right)^2$

(5) $(x+8)(x-8)$　　(6) $(2x-3)(2x+5)$

(7) $(a+b-6)(a+b+2)$　　(8) $2(x-3)^2-(x+4)(x-5)$

テスト対策ナビ

1 (2)(4)　除法は乗法になおして計算する。

ミス注意！
(3)　$-3x(4-x)$
$=-12x-3x^2$
としないこと。

2 (1)　まず，a を b と 2 にかけ，次に -1 を b と 2 にかける。
$(a-1)(b+2)$
$=ab+2a-b-2$
(5)　$(a+4)(a-3b+2)$
$=a(a-3b+2)$
$+4(a-3b+2)$
とする。

3 (1)(2)　$(x+a)(x+b)$
$=x^2+(a+b)x+ab$
の公式を使う。
(5)　$(x+a)(x-a)$
$=x^2-a^2$
の公式を使う。
(6)　$2x$ を 1 つの文字として考える。
(7)　$a+b$ を X とおく。
(8)　まず，$2(x-3)^2$ と $-(x+4)(x-5)$ を別々に展開してから，同類項をまとめる。

テストに出る！
予想問題　1章［多項式］文字式を使って説明しよう
1節 多項式の計算

20分　/16問中

1 多項式と単項式の乗除　次の計算をしなさい。

(1) $(5x-2y)\times(-4x)$

(2) $(3x^2y+9xy)\div\frac{3}{4}x$

(3) $2x(3x+4)+3x(x-2)$

(4) $3a(a-4)-4a(3-2a)$

2 多項式の乗法　次の式を展開しなさい。

(1) $(a+2)(b-6)$

(2) $(a-b)(c+d)$

(3) $(2x-3)(3y-5)$

(4) $(a-3b+2)(2a-b)$

3 よく出る　乗法公式　次の式を展開しなさい。

(1) $(x+3)(x+4)$

(2) $(x-0.5)(x-0.9)$

(3) $(x-8)^2$

(4) $\left(x+\frac{1}{5}\right)\left(x-\frac{1}{5}\right)$

4 いろいろな式の展開　次の計算をしなさい。

(1) $(3x-2)(3x+4)$

(2) $(2x+5y)^2$

(3) $(x-y-4)(x-y-5)$

(4) $(2x-3y)(2x+3y)-4(x-y)^2$

成績UPナビ

3 それぞれ乗法公式にあてはめて計算する。

4 式の一部を１つの文字におきかえて考える。

2節 因数分解　3節 式の計算の利用

テストに出る！ 教科書のココが要点

さらっとまとめ（赤シートを使って，□に入るものを考えよう。）

1 因数分解 教 p.24〜p.25

・$A=BC$ と表せるとき，BとCをAの因数といい，多項式をいくつかの因数の積として表すことを，その多項式を［因数分解する］という。

$ma+mb+mc=m(a+b+c)$

2 公式を利用する因数分解 教 p.26〜p.30

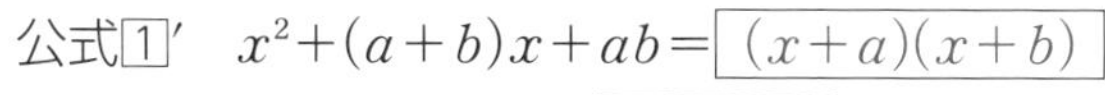

公式①′　$x^2+(a+b)x+ab=$［$(x+a)(x+b)$］

公式②′　$x^2+2ax+a^2=$［$(x+a)^2$］　　公式③′　$x^2-2ax+a^2=$［$(x-a)^2$］

公式④′　$x^2-a^2=$［$(x+a)(x-a)$］

3 式の計算の利用 教 p.33〜p.35

数の計算で，式の展開や因数分解の公式を利用すると，計算しやすくなる場合がある。

例　$15^2-5^2=(15+5)\times(15-5)$
$=20\times10=200$

スピード確認（□に入るものを答えよう。答えは，下にあります。）

1

□ $6ax-9ay=3a\times2x-3a\times3y=$［①］
★共通な因数をくくり出す。

2

次の式を因数分解しなさい。★因数分解の公式を使う。

□ $x^2-3x-18=x^2+\{3+($［②］$)\}x+3\times(-6)=$［③］
$x^2+(a+b)x+ab=(x+a)(x+b)$　★公式①′

□ $a^2+6a+9=a^2+2\times3\times a+3^2=$［④］
$x^2+2ax+a^2=(x+a)^2$　★公式②′

□ $x^2-10x+25=x^2-2\times5\times x+5^2=$［⑤］
$x^2-2ax+a^2=(x-a)^2$　★公式③′

□ $a^2-16=a^2-4^2=$［⑥］
$x^2-a^2=(x+a)(x-a)$　★公式④′

3

次の式をくふうして計算しなさい。★式の展開や因数分解の公式の利用を考える。

□ $102^2=($［⑦］$+2)^2=100^2+$［⑧］$\times2\times100+2^2=$［⑨］

□ $65^2-25^2=(65+25)\times(65-$［⑩］$)=90\times$［⑪］$=$［⑫］

①＿＿＿
②＿＿＿
③＿＿＿
④＿＿＿
⑤＿＿＿
⑥＿＿＿
⑦＿＿＿
⑧＿＿＿
⑨＿＿＿
⑩＿＿＿
⑪＿＿＿
⑫＿＿＿

答　①$3a(2x-3y)$　②-6　③$(x+3)(x-6)$　④$(a+3)^2$　⑤$(x-5)^2$　⑥$(a+4)(a-4)$　⑦100　⑧2　⑨10404　⑩25　⑪40　⑫3600

基礎力UP テスト対策問題

1 因数分解　次の式を因数分解しなさい。

(1)　x^2-4xy　　(2)　$4ab-6ac$

2 公式を利用する因数分解　次の式を因数分解しなさい。

(1)　x^2-5x+4　　(2)　a^2-2a-8

(3)　$x^2-8x+16$　　(4)　a^2-36

3 いろいろな式の因数分解　次の式を因数分解しなさい。

(1)　$2x^2-2x-24$　　(2)　$4x^2-12x+9$

(3)　$(a-b)^2-6(a-b)-27$　　(4)　$(x+7)^2-10(x+7)+25$

4 式の計算の利用　次の式を，くふうして計算しなさい。

(1)　58^2-42^2　　(2)　103^2

5 式の計算の利用　右の図のような縦 x m，横 y m の長方形の土地の周囲に，幅 z m の道があります。この道の面積を S m²，道の真ん中を通る線の長さを ℓ m とするとき，$S=z\ell$ となります。このことを証明しなさい。

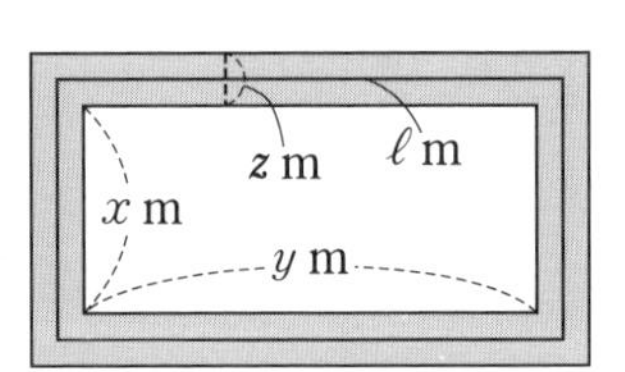

テスト対策ナビ

1 (1)　$x^2=x\times x$
$4xy=4\times x\times y$
より，共通な因数 x をくくり出す。

2 (1)　x^2-5x+4
$=x^2+\{(-1)+(-4)\}x+(-1)\times(-4)$

3 (1)　まず共通な因数 2 をくくり出してから，かっこの中を因数分解する。
$2x^2-2x-24$
$=2(x^2-x-12)$
(3)(4)　$a-b$，$x+7$ を 1 つの文字におきかえて考える。

4　式の展開や因数分解の公式を使って，計算しやすい方法がないかを考える。

5　S，ℓ を x，y，z を使った式で表す。

解答 p. 2

テストに出る！

予想問題

1章［多項式］文字式を使って説明しよう

2節 因数分解　3節 式の計算の利用

20分

/15問中

1 因数分解　次の式を因数分解しなさい。

(1) $3ab+6bc$　　(2) $ax-2ay+4az$

2 よく出る　公式を利用する因数分解　次の式を因数分解しなさい。

(1) $x^2-9x+18$　　(2) a^2+2a-8

(3) $x^2+14x+49$　　(4) $x^2-2x-48$

(5) $a^2-12a+36$　　(6) $25-y^2$

3 いろいろな因数分解　次の式を因数分解しなさい。

(1) $3x^2+12x-36$　　(2) $9a^2-49b^2$

(3) $(x-y)^2+3(x-y)-18$　　(4) $(3x+4)^2-(2x-5)^2$

4 式の計算の利用　次の式を，くふうして計算しなさい。

(1) 42^2-38^2　　(2) 198^2

5 式の計算の利用　2つの続いた整数では，大きい数の平方から小さい数の平方をひいたときの差は，はじめの2つの数の和に等しくなります。このことを証明しなさい。

3 (4) (　)の中の式をそれぞれ1つの文字におきかえて考える。

5 2つの続いた整数は，小さい数をnとすると，n，$n+1$と表される。

テストに出る！

章末予想問題

1章 [多項式] 文字式を使って説明しよう

30分

/100点

1 次の計算をしなさい。 3点×2〔6点〕

(1) $-2y(-x+2y-3z)$

(2) $(15a^2b-9ab^2+12ab)\div\left(-\frac{3}{5}ab\right)$

2 次の式を展開しなさい。 4点×6〔24点〕

(1) $(x-4)(y-7)$

(2) $(a+4)(a+b-2)$

(3) $(1+x)(9+x)$

(4) $(-x-y)^2$

(5) $(3+x)(3-x)$

(6) $(4m-3n)^2$

3 差がつく 次の計算をしなさい。 5点×2〔10点〕

(1) $(x+4)(x+5)-(x+3)^2$

(2) $2(a-5)^2-3(a+4)(a-4)$

4 次の式を因数分解しなさい。 4点×8〔32点〕

(1) $x^2+10x+21$

(2) a^2+2a+1

(3) x^2-169

(4) x^2-9y^2

(5) $x^2+8xy+16y^2$

(6) $4m^2-\frac{1}{25}n^2$

(7) $6ax^2-24ax-72a$

(8) $(3x-1)^2-2x(3x-1)$

解答 p.2

満点ゲット作戦

乗法公式を正確に覚えよう。因数分解した式は，もう一度，展開してみて，もとの式にもどることを確かめよう。

ココが要点を再確認　もう一歩　合格
0　70　85　100点

5 次の問に答えなさい。　5点×4〔20点〕

(1) 次の式を，くふうして計算しなさい。

① $0.78^2-0.22^2$　② $301\times299-300\times302$

(2) 次の式の値を求めなさい。

① $a=-12$ のとき，$a^2+8a+12$ の値

② $x=0.7$，$y=-0.3$ のとき，$x^2-2xy+y^2$ の値

6 差がつく 5，8，11 のように，差が 3 である連続する 3 つの自然数があるとき，もっとも大きい数の 2 乗からもっとも小さい数の 2 乗をひいた数は，中央の数の 12 倍になることを証明しなさい。　〔8点〕

1	(1)	(2)	
2	(1)	(2)	(3)
	(4)	(5)	(6)
3	(1)	(2)	
4	(1)	(2)	(3)
	(4)	(5)	(6)
	(7)	(8)	
5	(1) ①	②	
	(2) ①	②	
6			

1	2	3	4	5	6
/6点	/24点	/10点	/32点	/20点	/8点

2章 [平方根] 数の世界をさらにひろげよう

1節 平方根

テストに出る! 教科書のココが要点

さらっとまとめ (赤シートを使って，□に入るものを考えよう。)

1 平方根 教 p.44～p.47

・$x^2=a$ であるとき，x を a の 平方根 という。記号 $\sqrt{\ }$ を 根号 という。

・正の数 a の平方根は 正のほう… $\sqrt{a}$，負のほう… $-\sqrt{a}$ } $\pm\sqrt{a}$

・$\sqrt{0}=$ 0 である。

★$\sqrt{a}$ は「ルート a」と読む。

・負の数には，平方根はない。

・$a>0$ のとき，$(\sqrt{a})^2=a$，$(-\sqrt{a})^2=a$

・$0<a<b$ ならば $\sqrt{a}$ < $\sqrt{b}$

2 数の世界のひろがり 教 p.48～p.49

・$\dfrac{\text{整数}}{0\text{でない整数}}$ と表せる数を 有理数，分数で表せない数を 無理数 という。

・終わりのある小数… 有限小数

・終わりのない小数… 無限小数

・無限小数の中で，同じ数字の並びをかぎりなくくり返す小数… 循環小数

スピード確認 (□に入るものを答えよう。答えは，下にあります。)

1

□ 25 の平方根は ① ★正の数には，平方根は 2 つある。

□ 5 の平方根は ②

□ 根号を使わずに表すと，$-\sqrt{9}=$ ③ ★符号に注意。

□ 根号を使わずに表すと，$\sqrt{(-13)^2}=$ ④

□ $(\sqrt{3})^2=$ ⑤，$(-\sqrt{15})^2=$ ⑥

□ 数の大小を不等号を使って表すと，$\sqrt{37}$ ⑦ 6

□ 数の大小を不等号を使って表すと，-5 ⑧ $-\sqrt{24}$

2

□ -0.5，$\sqrt{3}$，$\sqrt{4}$，11 のなかで，無理数は ⑨ である。

□ $\dfrac{1}{4}$，$\dfrac{7}{9}$ のうち，小数で表すと循環小数になるのは ⑩ である。

①____
②____
③____
④____
⑤____
⑥____
⑦____
⑧____
⑨____
⑩____

答 ①±5 ②$\pm\sqrt{5}$ ③-3 ④13 ⑤3 ⑥15 ⑦$>$ ⑧$<$ ⑨$\sqrt{3}$ ⑩$\dfrac{7}{9}$

解答 p.3

基礎力UP テスト対策問題

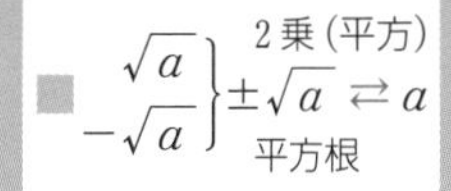

1 平方根　次の問に答えなさい。

(1)　次の数の平方根をいいなさい。

①　64　　②　0.09　　③　$\dfrac{16}{49}$

(2)　根号を使って，次の数の平方根を表しなさい。

①　7　　②　0.2　　③　$\dfrac{5}{11}$

(3)　次の数を根号を使わずに表しなさい。

①　$\sqrt{49}$　　②　$-\sqrt{16}$

(4)　次の数を求めなさい。

①　$(\sqrt{11})^2$　　②　$-(-\sqrt{81})^2$

2 平方根の大小　次の各組の数の大小を，不等号を使って表しなさい。

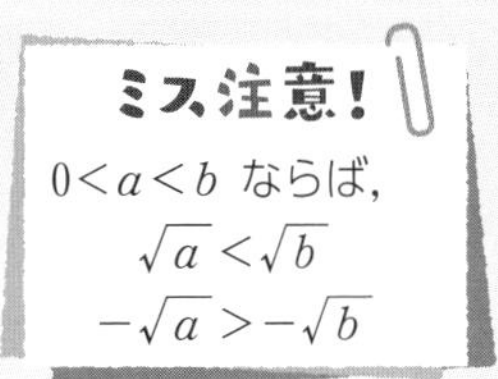

(1)　$\sqrt{15}$，4　　(2)　$-\sqrt{21}$，$-\sqrt{23}$

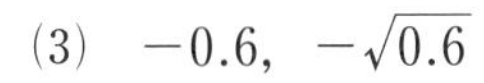

(3)　-0.6，$-\sqrt{0.6}$　　(4)　$\sqrt{0.7}$，0.8，$\sqrt{1.1}$

3 数の世界のひろがり　次の問に答えなさい。

(1)　-9，0.3，$\sqrt{7}$，$\sqrt{25}$ のなかから，無理数を選びなさい。

円周率πも
無理数だよ。
覚えておこう。

(2)　$\dfrac{1}{9}$，$\dfrac{7}{8}$，$\dfrac{7}{11}$ のなかから，小数で表したときに有限小数になるものを選びなさい。

テストに出る！
予想問題
2章［平方根］数の世界をさらにひろげよう
1節 平方根

20分　/21問中

1 平方根　次の数の平方根をいいなさい。

(1) 900　(2) 1.5　(3) $\frac{5}{6}$

2 平方根　次の数を根号を使わずに表しなさい。

(1) $\sqrt{25}$　(2) $-\sqrt{0.64}$　(3) $-\sqrt{(-11)^2}$

3 よく出る　平方根の大小　次の各組の数の大小を，不等号を使って表しなさい。

(1) $\sqrt{17}$，$\sqrt{15}$　(2) $\sqrt{11}$，3　(3) $-\sqrt{10}$，-3，$-\sqrt{8}$

4 平方根　次のことは正しいですか。正しいものには○をつけ，誤っているものは＿＿の部分を正しくなおしなさい。

(1) 9の平方根は$\underline{3}$である。

(2) $\sqrt{100}$ は $\underline{\pm 10}$ である。

(3) $\sqrt{(-7)^2}$ は $\underline{-7}$ に等しい。

(4) $(-\sqrt{12})^2$ は $\underline{12}$ に等しい。

(5) 0の平方根は$\underline{0\text{だけ}}$である。

(6) $-(-\sqrt{13})^2$ は $\underline{13}$ に等しい。

5 有理数と無理数　次の数直線上の点 A，B，C，D，E は，下の数のどれかと対応しています。これらの点に対応する数を答えなさい。

$-\frac{7}{4}$，2.5，$-\sqrt{6}$，$\sqrt{3}$，$-\sqrt{10}$

A B C D E
−4 −3 −2 −1 0 1 2 3 4

6 よく出る　平方根　$\sqrt{48n}$ が自然数になるような自然数 n のうちで，もっとも小さい値と，そのときの $\sqrt{48n}$ の値を求めなさい。

3 (3)　$0<a<b$ のときは，$-\sqrt{a}>-\sqrt{b}$ となることに注意する。

6 $48n$ が(自然数)^2 になるような n を考える。

2節 根号をふくむ式の計算　3節 平方根の利用

テストに出る！ 教科書のココが要点

さらっとまとめ（赤シートを使って，□に入るものを考えよう。）

1 根号をふくむ式の乗除 教 p.52～p.56

・$\sqrt{a}\times\sqrt{b}=\sqrt{\boxed{ab}}$　$\dfrac{\sqrt{a}}{\sqrt{b}}=\sqrt{\boxed{\dfrac{a}{b}}}$　★a，b は正の数。$\sqrt{a}\times\sqrt{b}$ は $\sqrt{a}\sqrt{b}$ と書いてもよい。

・$a\sqrt{b}=\sqrt{\boxed{a^2b}}$　$\sqrt{a^2b}=\boxed{a}\sqrt{b}$

・分母に根号がない形に表すことを，分母を［有理化する］という。

2 根号をふくむ式の加減 教 p.57～p.59

・$a\sqrt{c}+b\sqrt{c}=(\boxed{a+b})\sqrt{c}$　★同類項をまとめるのと同じ考え方。

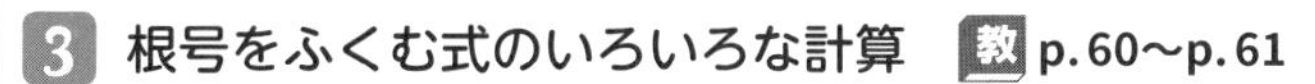

3 根号をふくむ式のいろいろな計算 教 p.60～p.61

・分配法則や乗法公式を使って，根号をふくむ式のいろいろな計算をする。

・根号をふくむ式の計算を使って，式の値を考える。

スピード確認（□に入るものを答えよう。答えは，下にあります。）

1

□ $\sqrt{3}\times\sqrt{7}=$［①］　★$\sqrt{a}\times\sqrt{b}=\sqrt{ab}$ である。

□ $\sqrt{6}\div\sqrt{2}=$［②］　★$\sqrt{a}\div\sqrt{b}=\dfrac{\sqrt{a}}{\sqrt{b}}=\sqrt{\dfrac{a}{b}}$ である。

□ $3\sqrt{7}$ を $\sqrt{a}$ の形に表すと，$3\sqrt{7}=\sqrt{9}\times\sqrt{7}=$［③］

□ $\sqrt{32}$ を $a\sqrt{b}$ の形に表すと，$\sqrt{32}=\sqrt{16\times2}=\sqrt{4^2}\times\sqrt{2}=$［④］

□ $\dfrac{5}{\sqrt{2}}$ の分母を有理化すると，$\dfrac{5}{\sqrt{2}}=\dfrac{5\times\sqrt{2}}{\sqrt{2}\times\sqrt{2}}=$［⑤］

2

□ $2\sqrt{7}-5\sqrt{7}=$［⑥］
★$2a-5a=-3a$ と同じように計算する。

3

□ $\sqrt{3}(\sqrt{12}-\sqrt{8})=\sqrt{3}(2\sqrt{3}-2\sqrt{2})=$［⑦］

□ $(\sqrt{3}-1)(\sqrt{3}+2)=(\sqrt{3})^2+(-1+2)\sqrt{3}+(-1)\times2=$［⑧］

□ $x=\sqrt{5}+2$ のとき，$3x+1$ の値は，
$3($［⑨］$)+1=3\sqrt{5}+6+1=$［⑩］

①＿＿＿＿
②＿＿＿＿
③＿＿＿＿
④＿＿＿＿
⑤＿＿＿＿
⑥＿＿＿＿
⑦＿＿＿＿
⑧＿＿＿＿
⑨＿＿＿＿
⑩＿＿＿＿

答 ①$\sqrt{21}$　②$\sqrt{3}$　③$\sqrt{63}$　④$4\sqrt{2}$　⑤$\dfrac{5\sqrt{2}}{2}$　⑥$-3\sqrt{7}$　⑦$6-2\sqrt{6}$　⑧$1+\sqrt{3}$　⑨$\sqrt{5}+2$　⑩$3\sqrt{5}+7$

解答 p.3

基礎力UP テスト対策問題

1 根号をふくむ式の乗除　次の計算をしなさい。

(1) $\sqrt{3}\times(-\sqrt{13})$　　(2) $\dfrac{\sqrt{150}}{\sqrt{6}}$

2 根号のついた数の変形　(1)を $\sqrt{a}$ の形に，(2)を $a\sqrt{b}$ の形に表しなさい。

(1) $11\sqrt{3}$　　(2) $\sqrt{500}$

3 根号のついた数の変形　(1)を $\dfrac{\sqrt{a}}{b}$ の形にし，(2)を根号を使わずに表しなさい。

(1) $\sqrt{\dfrac{5}{81}}$　　(2) $\sqrt{0.36}$

4 平方根の近似値　$\sqrt{3}=1.732$，$\sqrt{30}=5.477$ として，次の値を求めなさい。

(1) $\sqrt{300}$　　(2) $\sqrt{0.03}$　　(3) $\sqrt{120}$

5 分母の有理化　次の数の分母を有理化しなさい。

(1) $\dfrac{\sqrt{2}}{\sqrt{3}}$　　(2) $\dfrac{6}{\sqrt{5}}$

6 根号をふくむ式の加減　次の計算をしなさい。

(1) $2\sqrt{3}-\sqrt{3}+5\sqrt{3}$　　(2) $2\sqrt{5}-2\sqrt{10}+3\sqrt{5}+\sqrt{10}$

7 根号をふくむ式のいろいろな計算　次の計算をしなさい。

(1) $\sqrt{2}(\sqrt{18}+\sqrt{14})$　　(2) $(2\sqrt{5}-1)^2$

(3) $(\sqrt{6}+3)(\sqrt{6}-3)$　　(4) $(\sqrt{7}+\sqrt{2})(\sqrt{2}-1)-\sqrt{2}(\sqrt{2}-1)$

8 根号をふくむ式の値　$x=\sqrt{3}+\sqrt{2}$，$y=\sqrt{3}-\sqrt{2}$ のとき，x^2-y^2 の式の値を求めなさい。

テスト対策ナビ

絶対に覚える！

a，b が正の数

$\sqrt{a}\times\sqrt{b}=\sqrt{ab}$

$\dfrac{\sqrt{a}}{\sqrt{b}}=\sqrt{\dfrac{a}{b}}$

4 は $\sqrt{3}$ か $\sqrt{30}$ を使う形に変形しよう。

ポイント

分母を有理化するときは，分母と分子に同じ数をかける。

$\dfrac{a}{\sqrt{b}}=\dfrac{a\times\sqrt{b}}{\sqrt{b}\times\sqrt{b}}=\dfrac{a\sqrt{b}}{b}$

思い出そう！

7 乗法公式の利用を考える。

(2) $(x-a)^2=x^2-2ax+a^2$

(3) $(x+a)(x-a)=x^2-a^2$

8 x^2-y^2 を先に因数分解してから x，y の値を代入すると計算しやすい。

テストに出る！

予想問題

2章［平方根］数の世界をさらにひろげよう
2節 根号をふくむ式の計算　3節 平方根の利用

20分　/21問中

1 平方根の乗除　次の計算をしなさい。

(1) $\sqrt{24}\times\sqrt{27}$　(2) $(-\sqrt{3})\times\sqrt{27}$　(3) $\sqrt{48}\div(-\sqrt{8})$

2 根号のついた数の変形　(1)を $\sqrt{a}$ の形に，(2)を $a\sqrt{b}$ の形に表しなさい。

(1) $3\sqrt{3}$　(2) $\sqrt{252}$

3 平方根の近似値　$\sqrt{2}=1.414$，$\sqrt{20}=4.472$ として，次の値を求めなさい。

(1) $\sqrt{0.2}$　(2) $\sqrt{2000}$　(3) $\sqrt{0.08}$

4 分母の有理化　次の数の分母を有理化しなさい。

(1) $\dfrac{\sqrt{11}}{\sqrt{2}}$　(2) $\dfrac{6}{\sqrt{18}}$　(3) $\dfrac{2\sqrt{3}}{\sqrt{24}}$

5 根号をふくむ式の乗除　次の計算をしなさい。

(1) $5\sqrt{3}\times2\sqrt{6}$　(2) $\sqrt{5}\div(-\sqrt{500})$　(3) $\dfrac{\sqrt{14}}{3}\div\dfrac{\sqrt{7}}{9}$

6 よく出る　根号をふくむ式の加減　次の計算をしなさい。

(1) $\sqrt{8}+\sqrt{27}-\sqrt{75}+\sqrt{98}$　(2) $\sqrt{32}-\sqrt{\dfrac{1}{2}}+\dfrac{1}{\sqrt{8}}$

7 根号をふくむ式のいろいろな計算　次の計算をしなさい。

(1) $\sqrt{6}\left(\dfrac{5}{\sqrt{3}}-3\sqrt{2}\right)$　(2) $(\sqrt{5}+\sqrt{2})^2-(\sqrt{5}-\sqrt{2})^2$

8 根号をふくむ式の値　$a=4-\sqrt{5}$ のとき，次の式の値を求めなさい。

(1) $a^2-8a+16$　(2) a^2-3a-4

9 平方根の利用　面積が 40 cm^2 である正方形の 1 辺の長さを求めなさい。

3 $\sqrt{2}\times$有理数 か $\sqrt{20}\times$有理数 のどちらに変形できるか考える。
8 先に式を因数分解してから，a の値を代入する。

テストに出る！

章末予想問題

2章 [平方根] 数の世界をさらにひろげよう

30分

/100点

1 次の問に答えなさい。　　4点×5〔20点〕

(1) 32 の平方根を求めなさい。

(2) $-\sqrt{\dfrac{4}{9}}$ を根号を使わずに表しなさい。

(3) -4，$-3\sqrt{2}$ の大小を，不等号を使って表しなさい。

(4) $\dfrac{\sqrt{3}+\sqrt{5}}{\sqrt{3}\times\sqrt{5}}$ の分母を有理化しなさい。

(5) 次の㋐～㋔のなかから，無理数を選び，記号で答えなさい。

㋐ 3.14　㋑ $\dfrac{3}{\sqrt{2}}$　㋒ π　㋓ $\sqrt{\dfrac{9}{25}}$　㋔ $\sqrt{4}+\sqrt{5}$

2 $x=\sqrt{5}+\sqrt{3}$，$y=\sqrt{5}-\sqrt{3}$ のとき，次の式の値を求めなさい。　　4点×2〔8点〕

(1) x^2-xy

(2) $2x^2+4xy+2y^2$

3 n は自然数とします。$\sqrt{168n}$ が自然数となるときの n のうちで，もっとも小さい値を求めなさい。　　〔8点〕

4 次の計算をしなさい。　　4点×6〔24点〕

(1) $\sqrt{18}\times\sqrt{20}$

(2) $\sqrt{24}\div3\sqrt{32}\times2\sqrt{18}$

(3) $3\sqrt{3}-\sqrt{28}-2\sqrt{48}+\sqrt{175}$

(4) $\dfrac{1}{2\sqrt{2}}+\dfrac{6}{\sqrt{3}}\div\sqrt{6}$

(5) $2\sqrt{3}\left(\sqrt{27}-\dfrac{\sqrt{15}}{3}\right)$

(6) $(\sqrt{13}-\sqrt{5})(\sqrt{13}+\sqrt{5})-(\sqrt{5}-\sqrt{3})^2$

解答 p.4

満点ゲット作戦
根号の中をできるだけ小さい数に変形したり，分母が無理数のときは，有理化したりして，計算しよう。

ココが要点を再確認 0 ／ もう一歩 70 ／ 合格 85 ／ 100点

5 $6.9<\sqrt{a}<7$ をみたす整数 a の値をすべて求めなさい。〔8点〕

6 差がつく 次の問に答えなさい。8点×4〔32点〕

(1) $\sqrt{7}=a$ とするとき，$\sqrt{700}+\sqrt{0.07}$ を a を使って表しなさい。

(2) $\sqrt{17-n}$ の値が整数となるような自然数 n の値をすべて求めなさい。

(3) 体積が 450 cm^3，高さが 10 cm の正四角柱があります。この正四角柱の底面の 1 辺の長さを求めなさい。

(4) $\sqrt{10}$ の小数部分を a とするとき，$a(a+6)$ の値を求めなさい。

1	(1)	(2)	(3)
	(4)	(5)	
2	(1)	(2)	
3			
4	(1)	(2)	(3)
	(4)	(5)	(6)
5			
6	(1)	(2)	(3)
	(4)		

1	/20点	2	/8点	3	/8点	4	/24点	5	/8点	6	/32点

1節 2次方程式とその解き方

テストに出る! 教科書のココが要点

さらっとまとめ (赤シートを使って，□に入るものを考えよう。)

1 2次方程式とその解 教 p.72〜p.73

(2次式)=0 の形に変形できる方程式を 2次方程式 といい，成り立たせる文字の値を，その方程式の 解 という。また，解をすべて求めることを，2次方程式を 解く という。

2 平方根の考えを使った解き方 教 p.74〜p.77

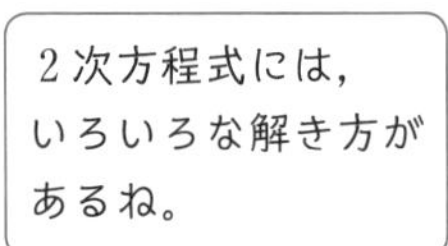

- $ax^2+c=0 \rightarrow x^2=p\ (p>0)$ の形に $\rightarrow x=\pm\sqrt{p}$
- $(x+m)^2=n\ (n>0) \rightarrow x+m=\pm\sqrt{n} \rightarrow x=-m\pm\sqrt{n}$
- $x^2+px=q \rightarrow x^2+px+\left(\frac{p}{2}\right)^2$ が $\left(x+\frac{p}{2}\right)^2$ であることを使って解く。

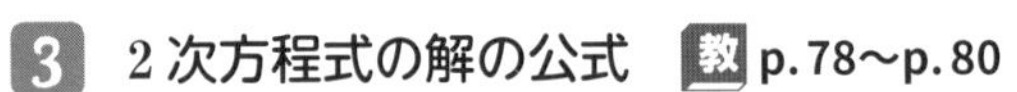

3 2次方程式の解の公式 教 p.78〜p.80

2次方程式 $ax^2+bx+c=0$ の解は，$x=\dfrac{-b\pm\sqrt{b^2-4ac}}{2a}$

4 因数分解を使った解き方 教 p.81〜p.82

$AB=0$ ならば $A=0$ または $B=0$

スピード確認 (□に入るものを答えよう。答えは，下にあります。)

1

□ 2次方程式 $x^2-6x+8=0$ について，
$2^2-6\times2+8=0$，$4^2-6\times4+8=$ ①
したがって，$x^2-6x+8=0$ の解は，$x=2$，$x=$ ②

2

□ $2x^2-16=0 \rightarrow x^2=8 \rightarrow x=$ ③

□ $(x-3)^2-11=0 \rightarrow (x-3)^2=11 \rightarrow x-3=$ ④ $\rightarrow x=$ ⑤

□ $x^2+6x-3=0 \rightarrow x^2+6x+9=3+9 \rightarrow (x+3)^2=12$
$\rightarrow x+3=$ ⑥ $\rightarrow x=$ ⑦

3

□ $3x^2+4x-1=0$　解の公式より，
$x=\dfrac{-4\pm\sqrt{4^2-4\times3\times(-1)}}{2\times\text{⑧}}=$ ⑨　★解の公式はとても重要。

4

□ $x^2+2x-3=0 \rightarrow (x-1)(x+3)=0 \rightarrow x=1$，$x=$ ⑩

□ $x^2+4x+4=0 \rightarrow (x+2)^2=0 \rightarrow x=$ ⑪　★因数分解による解き方。

①
②
③
④
⑤
⑥
⑦
⑧
⑨
⑩
⑪

答　①0　②4　③$\pm2\sqrt{2}$　④$\pm\sqrt{11}$　⑤$3\pm\sqrt{11}$　⑥$\pm2\sqrt{3}$　⑦$-3\pm2\sqrt{3}$　⑧3　⑨$\dfrac{-2\pm\sqrt{7}}{3}$　⑩-3　⑪-2

解答 p.4

基礎力UP テスト対策問題

1 2次方程式　次の方程式のうち，3が解であるものはどれですか。

㋐ $x^2-4x+3=0$　　㋑ $2x^2+3x=6-x$

㋒ $(x-1)(x-2)=x^2-7$　　㋓ $3x^2-27=0$

2 平方根の考えを使った解き方　次の方程式を解きなさい。

(1) $x^2-3=0$　　(2) $3x^2=24$

(3) $(x+5)^2=9$　　(4) $(x-2)^2-3=0$

(5) $x^2-6x-4=0$　　(6) $x^2+5x-3=0$

3 2次方程式の解の公式　次の方程式を解きなさい。

(1) $2x^2-3x-4=0$　　(2) $x^2+6x-1=0$

(3) $4x^2-5x-6=0$　　(4) $9x^2-12x+4=0$

4 因数分解を使った解き方　次の方程式を解きなさい。

(1) $(x-3)(2x+1)=0$　　(2) $x(x+4)=0$

(3) $x^2-3x+2=0$　　(4) $x^2-x-6=0$

(5) $x^2-81=0$　　(6) $x^2-6x=-9$

5 いろいろな2次方程式　次の方程式を解きなさい。

(1) $x^2+4x=7x+18$　　(2) $(x-9)(x+5)=-33$

テスト対策ナビ

1 2次方程式の解を方程式に代入すると，(左辺)=(右辺)

ポイント

■$ax^2=c$
→ $x^2=\frac{c}{a}$
→ $x=\pm\sqrt{\frac{c}{a}}$
■$(x+m)^2=n$
→ $x+m=\pm\sqrt{n}$
→ $x=-m\pm\sqrt{n}$

絶対に覚える!

2次方程式 $ax^2+bx+c=0$ の解は，

$$x=\frac{-b\pm\sqrt{b^2-4ac}}{2a}$$

絶対に覚える!

■因数分解を使った解き方
$AB=0$ ならば $A=0$ または $B=0$

5 $x^2+px+q=0$ の形に整理し，左辺を因数分解して解く。

テストに出る！
予想問題

3章［2次方程式］方程式を利用して問題を解決しよう
1節 2次方程式とその解き方

20分　/18問中

1 平方根の考えを使った解き方　次の方程式を解きなさい。

(1) $x^2-16=0$　　(2) $(x+9)^2=2$

(3) $(x+2)^2-7=0$　　(4) $x^2-7x+5=0$

2 よく出る　2次方程式の解の公式　次の方程式を解きなさい。

(1) $2x^2+5x-1=0$　　(2) $x^2-2x-5=0$

(3) $\frac{1}{4}x^2=2-x$　　(4) $4x^2+3=-8x$

3 よく出る　因数分解を使った解き方　次の方程式を解きなさい。

(1) $x^2+2x-24=0$　　(2) $x^2-4x-32=0$

(3) $3x^2-6x=0$　　(4) $x^2-22x=-121$

4 いろいろな2次方程式　次の方程式を解きなさい。

(1) $(x-3)(x+6)=10$　　(2) $x^2-7(x+1)=0$

(3) $(x-2)^2+(x-2)-30=0$　　(4) $(2x+1)^2-3(4x+1)=0$

5 2次方程式の解の問題　2次方程式 $x^2+ax+b=0$ の解が -4, 5 のとき，a と b の値をそれぞれ求めなさい。

4 (1)(2)(4)　(2次式)$=0$ の形になおしてから解く。
(3)　$x-2$ を A におきかえて考える。

2節 2次方程式の利用

テストに出る! 教科書のココが要点

さらっとまとめ (赤シートを使って，□に入るものを考えよう。)

1 整数の問題 教 p.87

- 何を文字で表すかを決め，方程式をつくる。
- 2次方程式を解く。
- 方程式の解 が問題に適しているかどうかを確かめる。

2 図形の問題 教 p.88

- 求める 長さ を x として，方程式をつくる。
- 2次方程式を解く。
- 方程式の解が問題に適しているかどうかを確かめる。

3 点の移動の問題 教 p.89

- 点が動いた 長さ や，出発してからの 時間 などを x として，方程式をつくる。
- 2次方程式を解く。
- 方程式の解が問題に適しているかどうかを確かめる。

2次方程式の問題では，解が問題に適しているかを確かめることが大切だよ。

スピード確認 (□に入るものを答えよう。答えは，下にあります。)

1 □ ある数 x に5を加えて2乗するところを，x に5を加えて2倍してしまいました。しかし，答えは同じになりました。x の値を求めなさい。

ある数を x とすると，$(x+5)^2=2(x+$①$)$

これを整理すると，$x^2+8x+15=0$，$(x+$②$)(x+5)=0$

これを解いて，$x=-3$，$x=$③ これらは問題に適している。

①
②
③

2 □ 縦15 m，横20 mの土地に，右の図のように幅が一定の道を作ったら，残った土地の面積が204 m² になりました。道の幅は何mになりますか。

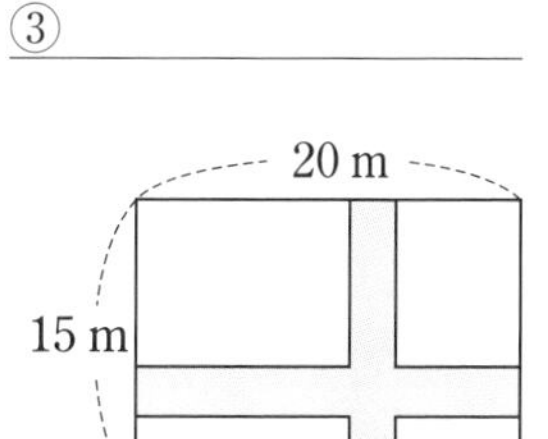

道の幅を x m として，残った土地について式をつくると，

$(15-x)(20-x)=$④

これを整理すると，$x^2-35x+96=0$，$(x-$⑤$)(x-32)=0$

よって，$x=$⑥，$x=32$

$0<x<15$ であるから，$x=$⑦ は問題に適しているが，

$x=$⑧ は問題に適していない。★必ず確かめをする。

④
⑤
⑥
⑦
⑧

答 ①5 ②3 ③−5 ④204 ⑤3 ⑥3 ⑦3 ⑧32

解答 p.5

基礎力UP テスト対策問題

1 整数の問題　ある整数xの2乗と，xを2倍して15を加えた数が同じになります。ある整数を求めなさい。

2 整数の問題　2つの続いた整数があります。この2つの整数の積は，2つの整数の和よりも55大きくなります。2つの続いた整数を求めなさい。

3 図形の問題　横が縦より15 cm長い長方形の紙があります。この紙の4すみから1辺が5 cmの正方形を切り取り，直方体の容器を作ったら，容積が500 cm^3になりました。紙の縦の長さを求めなさい。

4 図形の問題　n角形の対角線は全部で$\frac{n(n-3)}{2}$本ひくことができます。対角線が20本ある多角形は何角形ですか。

5 点の移動の問題　右の図のような正方形ABCDで，点PはAを出発してAB上をBまで動きます。また，点Qは，点PがAを出発するのと同時にBを出発し，Pと同じ速さでBC上をCまで動きます。PがAから何cm動いたとき，△BPQの面積が6 cm^2になりますか。

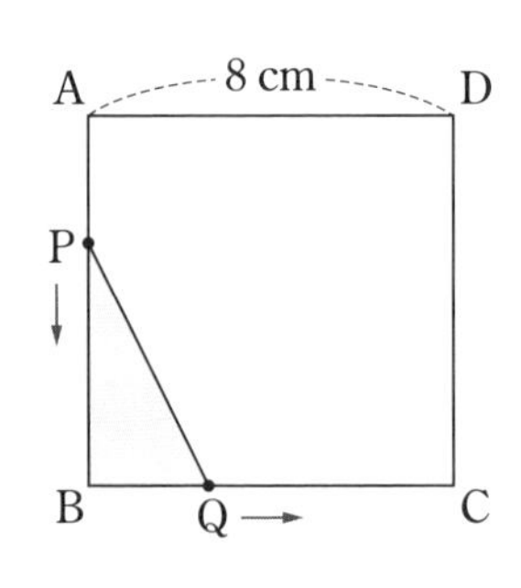

テスト対策ナビ

1 ある整数の2乗はx^2，xを2倍して15を加えた数は$2x+15$と表される。

ポイント

連続する2つの整数
n，$n+1$
連続する3つの整数
$n-1$，n，$n+1$

3 長方形の紙の縦の長さをx cmとすると，直方体の容器の底面の縦の長さは$(x-10)$ cm，底面の横の長さは$(x+15-10)$ cmと表すことができる。

5 APの長さをx cmとすると，PB$=(8-x)$ cm，BQ$=x$ cmより，△BPQの面積をxの式で表すことができる。

テストに出る！

予想問題

3章［2次方程式］方程式を利用して問題を解決しよう

2節 2次方程式の利用

20分　/5問中

1 よく出る　整数の問題　3つの続いた整数があります。もっとも小さい数の2乗ともっとも大きい数の2乗の和は，中央の数の2倍より6大きくなりました。3つの続いた整数を求めなさい。

2 図形の問題　1辺の長さが40 cmの正方形の紙を，図1のように切り取って，図2のような，ふたのついた直方体の箱を作りました。この箱の底面積が50 cm^2 であるとき，箱の高さを求めなさい。

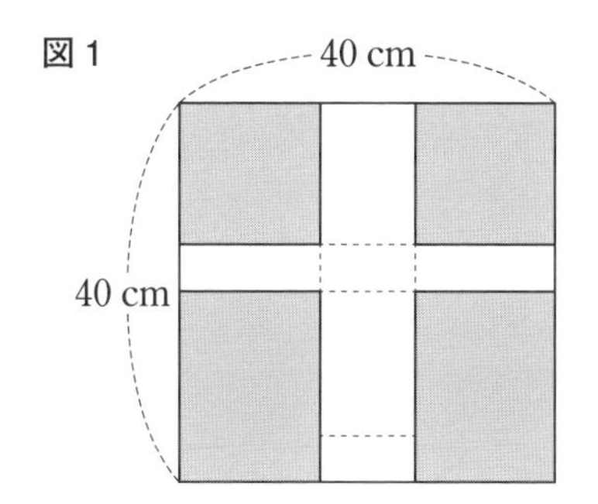

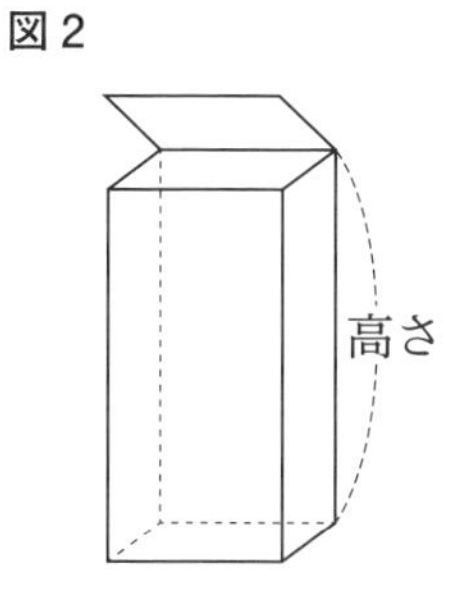

3 図形の問題　右の図で，点Pは $y=x+6$ のグラフ上の点で，点Aは PO＝PA となる x 軸上の点です。点Pの x 座標を a として，次の座標を求めなさい。ただし，$a>0$ とし，座標の1目もりは1 cmとします。

(1)　点Pの y 座標

(2)　△POA の面積が40 cm^2 のときの点Pの座標

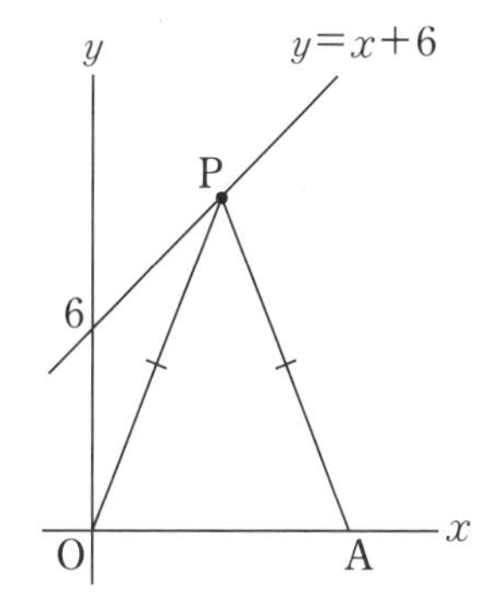

4 点の移動の問題　長さが15 cmの線分AB上を，点PがAを出発してBまで動きます。AP，PBをそれぞれ1辺とする正方形の面積の和が113 cm^2 になるのは，点PがAから何cm動いたときですか。

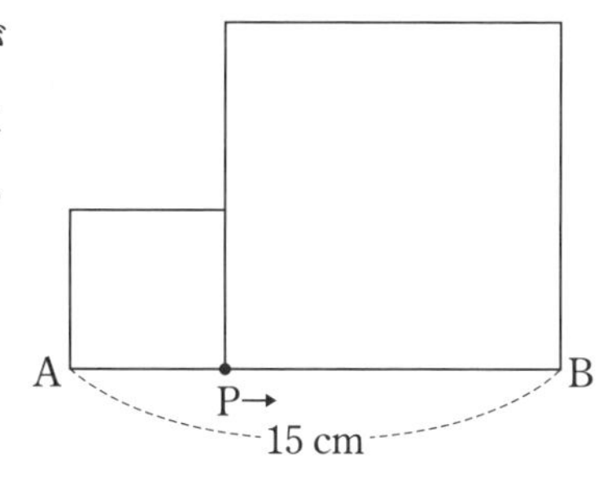

3 (2)　点A，Pの座標を a で表し，それを使って△POA の面積を a の式で表す。

4 点Pが動いた距離APを x cmとすると，PB＝$(15-x)$ cm となる。

テストに出る！

章末予想問題

3章 [2次方程式] 方程式を利用して問題を解決しよう

30分

/100点

1 1，2，3，4，5のうち，次の方程式の解を，すべていいなさい。　4点×2〔8点〕

(1) $x^2-6x+5=0$　(2) $x^2-7x+12=0$

2 次の方程式を解きなさい。　4点×6〔24点〕

(1) $5x^2=80$　(2) $3(x+1)^2-60=0$

(3) $x^2+6x-4=0$　(4) $x^2-9x+3=0$

(5) $3x^2-2x-2=0$　(6) $5x^2-7x+2=0$

3 次の方程式を解きなさい。　4点×6〔24点〕

(1) $(3x-2)(x+4)=0$　(2) $x^2+6x-16=0$

(3) $-2x^2+14x+60=0$　(4) $2x=\frac{1}{3}x^2+3$

(5) $(x+4)(x-5)=2(3x-1)$　(6) $(x+3)^2-5(x+3)-14=0$

4 次の問に答えなさい。　7点×2〔14点〕

(1) 2次方程式 $x^2+ax+b=0$ の解が4と -6 のとき，a と b の値をそれぞれ求めなさい。

(2) 2次方程式 $x^2-ax+72=0$ の解の1つが8であるとき，a の値ともう1つの解を求めなさい。

解答 p.6

満点ゲット作戦

2次方程式を解くときは，まず，因数分解を利用できるかを考え，できなければ解の公式などを使って解こう。

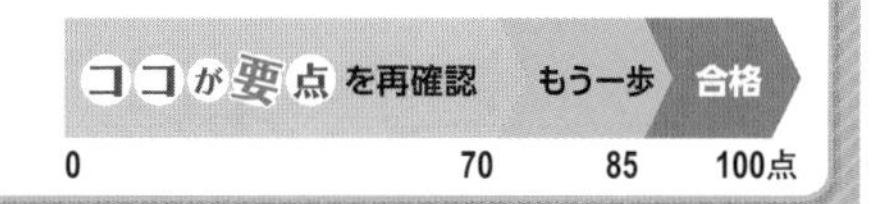

5 3つの続いた自然数があります。そのもっとも小さい数を2乗したら，残りの2数の和に等しくなりました。この3つの続いた自然数を求めなさい。〔10点〕

6 縦が5m，横が12mの長方形の土地に，右の図のように，縦，横に同じ幅の通路をつけて，残りを花だんにしたら，2つの花だんの面積の和が長方形の土地の面積の$\frac{3}{5}$になりました。通路の幅を求めなさい。〔10点〕

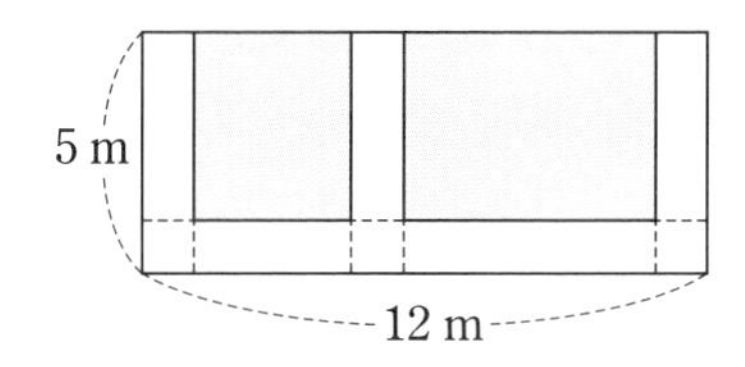

7 差がつく 右の図のような長方形ABCDで，点Pは，Bを出発して辺BC上をCまで動きます。また，点Qは，点PがBを出発するのと同時にCを出発し，Pの2倍の速さで辺CD上をDまで動きます。点PがBから何cm動いたとき，△APQの面積は28 cm^{2}になりますか。〔10点〕

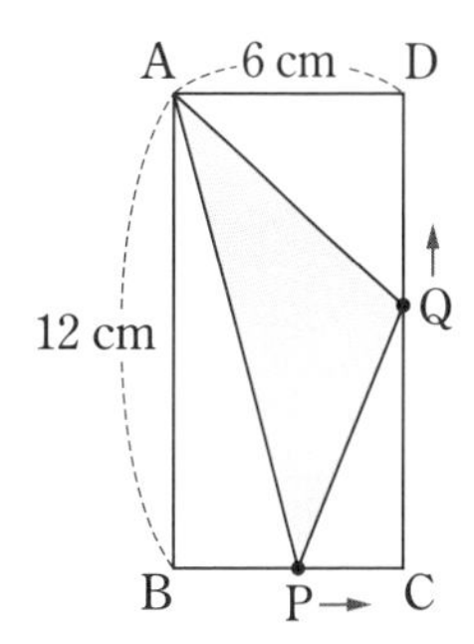

<table>
<tr><td>1</td><td>(1)</td><td>(2)</td><td></td></tr>
<tr><td rowspan="2">2</td><td>(1)</td><td>(2)</td><td>(3)</td></tr>
<tr><td>(4)</td><td>(5)</td><td>(6)</td></tr>
<tr><td rowspan="2">3</td><td>(1)</td><td>(2)</td><td>(3)</td></tr>
<tr><td>(4)</td><td>(5)</td><td>(6)</td></tr>
<tr><td>4</td><td colspan="2">(1) $a=$ $b=$</td><td>(2) $a=$ 解</td></tr>
<tr><td>5</td><td></td><td></td><td></td></tr>
<tr><td>6</td><td></td><td></td><td></td></tr>
<tr><td>7</td><td></td><td></td><td></td></tr>
</table>

1	/8点	2	/24点	3	/24点	4	/14点	5	/10点	6	/10点	7	/10点

4章 [関数 $y=ax^2$] 関数の世界をひろげよう

1節 関数 $y=ax^2$　2節 関数 $y=ax^2$ の性質と調べ方

テストに出る！ 教科書のココが要点

さらっとまとめ（赤シートを使って，□に入るものを考えよう。）

1 関数 $y=ax^2$ 教 p.96〜p.98

・y が x の関数で，$y=ax^2$ と表されるとき，y は［x の2乗に比例する］という。

2 関数 $y=ax^2$ のグラフ 教 p.100〜p.106

・［原点］を通り，［y 軸］について対称な曲線であり，［放物線］とよばれる。

・$a>0$ のときは，［上］に開いた形，$a<0$ のときは，［下］に開いた形。

・a の絶対値が大きいほど，グラフの開き方は［小さい］。

3 関数 $y=ax^2$ の値の変化 教 p.107〜p.112

・$a>0$ のとき　x の値が増加すると　$x<0$ の範囲では，y の値は［減少］する。
$x=0$ のとき，y は［最小値］0をとる。
$x>0$ の範囲では，y の値は［増加］する。

・$a<0$ のとき　x の値が増加すると　$x<0$ の範囲では，y の値は［増加］する。
$x=0$ のとき，y は［最大値］0をとる。
$x>0$ の範囲では，y の値は［減少］する。

・(変化の割合)$=\dfrac{(y\text{の増加量})}{(x\text{の増加量})}$　関数 $y=ax^2$ では，変化の割合は［一定］ではない。

スピード確認（□に入るものを答えよう。答えは，下にあります。）

1

□ y は x の2乗に比例し，$x=3$ のとき $y=-18$ である。このとき，y を x の式で表すと，$y=$［①］

2

右の関数 $y=ax^2$ のグラフ㋐〜㋓のうち，

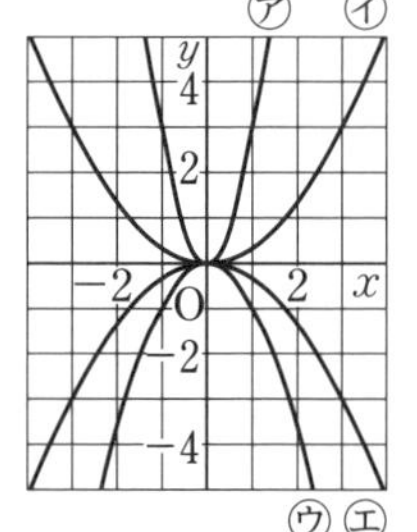

□ $a>0$ のものは［②］と［③］

□ a の絶対値が等しいものは［④］と［⑤］

□ a が最大のものは［⑥］，最小のものは［⑦］

3

□ $y=3x^2$ について，x の値が1から3まで増加するときの変化の割合は［⑧］

□ $y=2x^2$ について，x の変域が $-2\leqq x\leqq 1$ のとき，y の変域は［⑨］となる。

① ______
② ______
③ ______
④ ______
⑤ ______
⑥ ______
⑦ ______
⑧ ______
⑨ ______

答　①$-2x^2$　②，③㋐，㋑　④，⑤㋑，㋓　⑥㋐　⑦㋒　⑧12　⑨$0\leqq y\leqq 8$

解答 p.6

基礎力UP テスト対策問題

1 関数 $y=ax^2$　次の(1)，(2)のそれぞれについて，y を x の式で表しなさい。また，y が x の2乗に比例するものには○，そうでないものには×をつけなさい。

(1) 底辺が x cm，高さが 6 cm の三角形の面積を y cm^2 とする。

(2) 長さ x cm の針金を折り曲げて作る正方形の面積を y cm^2 とする。

2 関数 $y=ax^2$　y は x の2乗に比例し，$x=4$ のとき $y=32$ です。

(1) y を x の式で表しなさい。

(2) $x=2$ のときの y の値を求めなさい。

(3) $x=-3$ のときの y の値を求めなさい。

3 関数 $y=ax^2$ のグラフ　$y=\frac{1}{3}x^2$ と $y=-\frac{1}{3}x^2$ のグラフを，右の図にかき入れなさい。

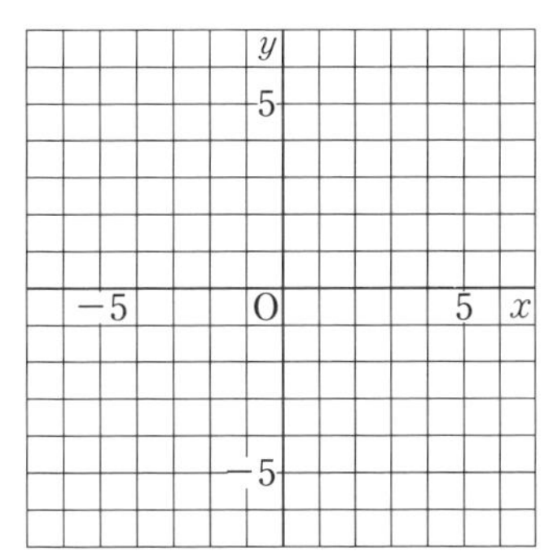

4 変化の割合　$y=-\frac{1}{2}x^2$ について，x の値が次の(1)，(2)のように増加するときの変化の割合を求めなさい。

(1) 2から5まで　　(2) -6 から -3 まで

5 x の変域と y の変域　関数 $y=3x^2$ について，x の変域が次の(1)，(2)のときの，y の変域を求めなさい。

(1) $-3 \leqq x \leqq -1$　　(2) $-2 \leqq x \leqq 3$

テスト対策ナビ

ポイント

y は x の2乗に比例する。
$\Rightarrow y=ax^2$
a は定数であり，比例定数という。

2 (1) $y=ax^2$ に $x=4$，$y=32$ を代入して a の値を求める。
(2)(3) (1)で求めた式に x の値を代入して y の値を求める。

ポイント

$y=ax^2$ のグラフは原点を頂点，y 軸を対称の軸とする放物線になる。グラフは，なるべくなめらかな曲線になるようにかこう。

絶対に覚える！

(変化の割合) $=\dfrac{(y\text{の増加量})}{(x\text{の増加量})}$

5 先におおよその形のグラフをかいてから，y の値の最大値と最小値を求める。

 解答 p.7

テストに出る！

予想問題

4章 ［関数 $y=ax^2$］ 関数の世界をひろげよう
1節 関数 $y=ax^2$　2節 関数 $y=ax^2$ の性質と調べ方

20分

/14問中

1 関数 $y=ax^2$　底面の半径が x cm，高さが 10 cm の円柱の体積を y cm^3 とします。

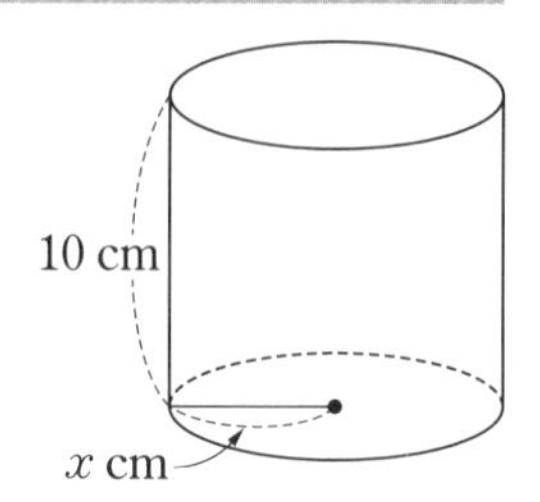

(1)　y を x の式で表しなさい。

(2)　高さを変えずに底面の半径を 3 倍，$\frac{1}{4}$ 倍にすると，体積はそれぞれ何倍になりますか。

(3)　高さを変えずに体積を 3 倍，9 倍にするには，底面の半径をそれぞれ何倍にすればよいですか。

2 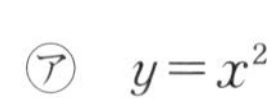 関数 $y=ax^2$　y は x の 2 乗に比例し，$x=-2$ のとき $y=-16$ です。次の問に答えなさい。

(1)　y を x の式で表しなさい。

(2)　$x=3$ のときの y の値を求めなさい。

3 関数 $y=ax^2$ のグラフ　右の図の(1)〜(3)は，下の㋐〜㋒の関数のグラフを示したものです。(1)〜(3)はそれぞれどの関数のグラフか記号でかきなさい。

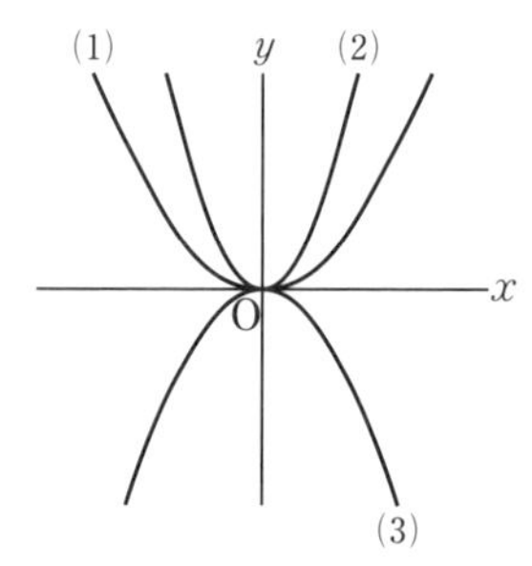

㋐　$y=x^2$　　㋑　$y=\frac{1}{3}x^2$　　㋒　$y=-\frac{1}{2}x^2$

4 変化の割合　関数 $y=\frac{1}{4}x^2$ について，x の値が次の(1)，(2)のように増加するときの変化の割合を求めなさい。

(1)　2 から 6 まで

(2)　-8 から -4 まで

5 よく出る　x の変域と y の変域　関数 $y=-3x^2$ について，x の変域が次の(1)，(2)のときの y の変域を求めなさい。

(1)　$1 \leqq x \leqq 4$

(2)　$-2 \leqq x \leqq 3$

1 (2)(3)　関数 $y=ax^2$ では，x の値が m 倍になると，y の値は m^2 倍になる。

5 $x=0$ が変域にふくまれているとき，y の最大値，最小値に注意する。

3節 いろいろな関数の利用

テストに出る！ 教科書のココが要点

さらっとまとめ（赤シートを使って，□に入るものを考えよう。）

1 関数 $y=ax^2$ の利用 教 p.117～p.119

・身のまわりの問題を，関数 $y=$ [ax^2]（y は x の2乗に比例する）を利用して解決する。

2 いろいろな関数 教 p.120～p.121

・身のまわりにあるいろいろな関数を調べてみる。

例 紙を半分に折る操作をくり返すとき，折った回数 x 回と，重なっている紙の枚数 y 枚との関係 ｝ x の値を決めると，y の値もただ [1つ] 決まるから，y は x の関数である。

スピード確認（□に入るものを答えよう。答えは，下にあります。）

1

高いところからボールを落とすとき，落ち始めてから x 秒間に落ちる距離を y m とすると，y は x の2乗に比例し，落ち始めてから2秒間に19.6 m 落ちます。

□ y を x の式で表すと [①]

□ 落ち始めてから1秒間に落ちた距離は [②] m

□ 落ち始めてから3秒間に落ちた距離は [③] m

□ 78.4 m の高さから落とすとき，[④] 秒で地面につく。

□ 122.5 m の高さから落とすとき，[⑤] 秒で地面につく。

2

あるタクシー会社の料金は右の表のようになっています。

距離	料金
2000 m まで	750 円
2280 m まで	840 円
2560 m まで	930 円
2840 m まで	1020 円
3120 m まで	1110 円
3400 m まで	1200 円
3680 m まで	1290 円
3960 m まで	1380 円

□ 2800 m のタクシー料金は [⑥] 円

□ 3700 m のタクシー料金は [⑦] 円

□ 距離を x m，料金を y 円とすると，y は x の関数で [⑧]。

①＿＿＿＿
②＿＿＿＿
③＿＿＿＿
④＿＿＿＿
⑤＿＿＿＿
⑥＿＿＿＿
⑦＿＿＿＿
⑧＿＿＿＿

x の値を決めると，y の値は1つに決まるかな？

答 ①$y=4.9x^2$ ②4.9 ③44.1 ④4 ⑤5 ⑥1020 ⑦1380 ⑧ある

解答 p.7

基礎力UP テスト対策問題

1 関数 $y=ax^2$ の利用　傾きが一定の斜面でボールを転がすとき，転がり始めてから x 秒間に転がる距離を y m とすると $y=2x^2$ の関係があります。

(1) 転がり始めてから 3 秒間では，何m転がりますか。

(2) 50 m 転がるのにかかる時間を求めなさい。

(3) 転がり始めてから 3 秒後までの間の平均の速さを求めなさい。

(4) 転がり始めて 2 秒後から 6 秒後までの間の平均の速さを求めなさい。

2 関数 $y=ax^2$ の利用　右の図のように，関数 $y=ax^2$ のグラフと直線 $y=x-4$ が 2 点 A，B で交わっています。A，B の x 座標はそれぞれ -4，2 です。

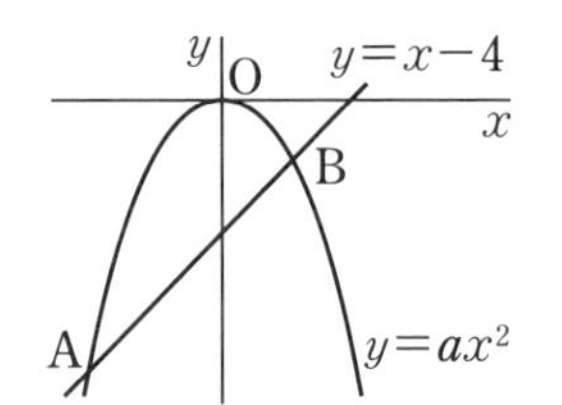

(1) A，B の y 座標をそれぞれ求めなさい。

(2) a の値を求めなさい。

3 いろいろな関数　ある携帯電話の料金プランAでは，通話時間によって，料金が下の表のように決まっています。

(1) 通話時間を x 分，料金を y 円として，グラフを右の図にかき入れなさい。

通話時間	料金
3 分まで	90 円
6 分まで	120 円
9 分まで	150 円

(2) 料金プランBは通話時間が 5 分まで 100 円，その後 30 秒ごとに 10 円料金がかかります。通話時間が次の①～③のとき，料金が安いのは料金プラン A，B のどちらですか。

① 5 分　　② 8 分　　③ 6 分 30 秒

テスト対策ナビ

1 (4) まず，$y=2x^2$ に $x=2$，$x=6$ をそれぞれ代入し，2 秒間，6 秒間に転がる距離を求める。
(進んだ距離)
＝(6 秒間に転がる距離)－(2 秒間に転がる距離)

絶対に覚える！

$$(\text{平均の速さ})=\frac{(\text{進んだ距離})}{(\text{進んだ時間})}$$

2 (1) $y=x-4$ に $x=-4$，$x=2$ をそれぞれ代入して求める。

(2) Aの x 座標 -4 と(1)で求めた y 座標を $y=ax^2$ の x，y にそれぞれ代入して求める。

3 身の回りには，このような形のグラフで表すことのできる関数がたくさんある。

ミス注意！
グラフで，端の点をふくむ場合は •
ふくまない場合は ◦
を使って表す。

テストに出る！
予想問題
4章［関数 $y=ax^2$］関数の世界をひろげよう
3節 いろいろな関数の利用

🕓20分

/9問中

1 関数 $y=ax^2$ の利用　関数 $y=2x^2$ のグラフ上に，x 座標がそれぞれ -1, 3 となる点 A，B をとり，A，B を通る直線と y 軸との交点を C とします。点 P は $y=2x^2$ のグラフ上の点であるとき，次の問に答えなさい。

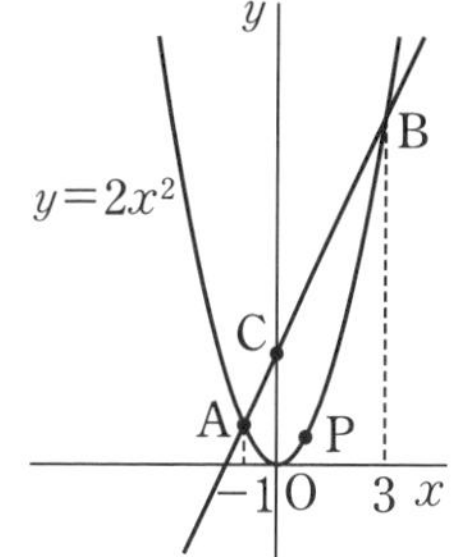

(1) 直線 AB の式を求めなさい。

(2) △OAB の面積を求めなさい。

(3) △OCP の面積が △OAB の面積の $\frac{1}{3}$ になるときの点 P の座標をすべて求めなさい。

2 よく出る　関数 $y=ax^2$ の利用　右の図のような正方形 ABCD で，点 P は A を出発して，辺 AB 上を B まで動きます。また，点 Q は点 P と同時に A を出発して，正方形の周上を D を通って C まで，点 P の 2 倍の速さで動きます。AP の長さが x cm のときの △APQ の面積を y cm^2 として，次の問いに答えなさい。

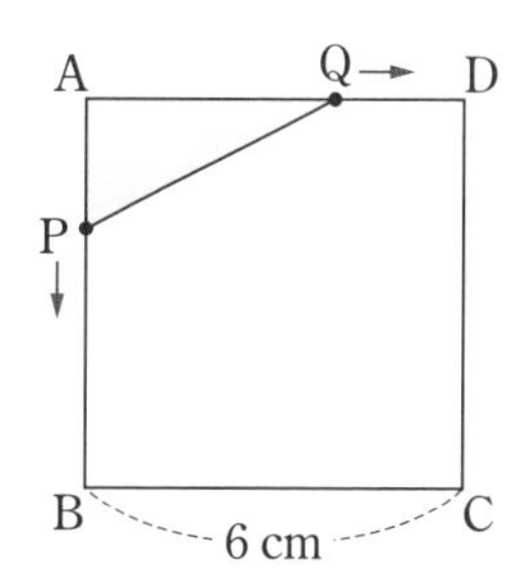

(1) $0 \leqq x \leqq 3$ のとき，y を x の式で表し，y の変域を求めなさい。

(2) $3 \leqq x \leqq 6$ のとき，y を x の式で表し，y の変域を求めなさい。

3 いろいろな関数　ある鉄道では，距離によって，料金が下の表のように決まっています。

距離	料金
3 km まで	180 円
5 km まで	210 円
7 km まで	240 円

(1) グラフを右の図にかき入れなさい。

(2) この鉄道で 6.9 km の区間を進んだときの料金を求めなさい。

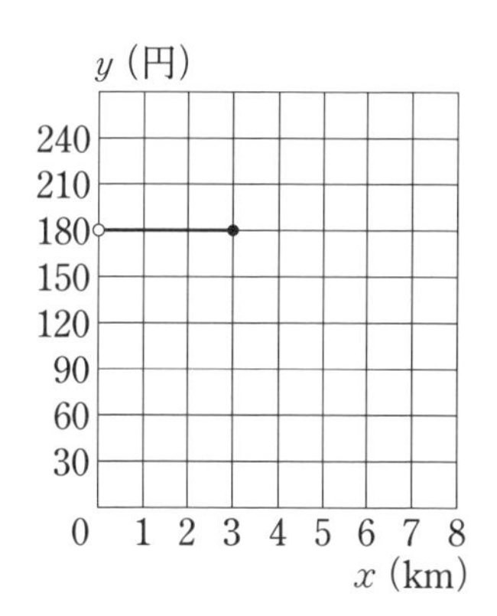

1 (3) △OCP の面積は $\frac{1}{2}$×OC×(P の x 座標の絶対値) で求められる。

2 線分 AP を底辺としたときの △APQ の高さに注目する。

テストに出る！
章末予想問題 4章 [関数 $y=ax^2$] 関数の世界をひろげよう

30分

/100点

1 y は x の2乗に比例し，$x=3$ のとき $y=\dfrac{9}{2}$ です。　8点×5〔40点〕

(1) y を x の式で表しなさい。

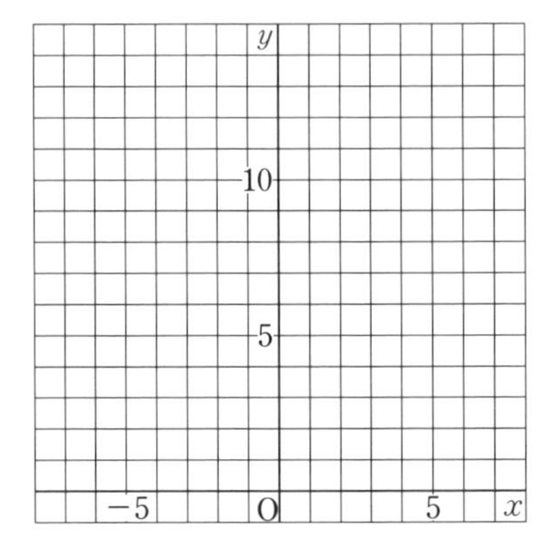

(2) $x=6$ のときの y の値を求めなさい。

(3) この関数のグラフを右の図にかきなさい。

(4) この関数について，x の値が -6 から -3 まで増加するときの変化の割合を求めなさい。

(5) この関数について，x の変域が $-2 \leqq x \leqq 4$ のときの y の変域を求めなさい。

2 $x<0$ の範囲で，x の値が増加すると，y の値も増加する関数を，次の㋐〜㋒のなかから選びなさい。　〔10点〕

㋐ $y=\dfrac{1}{2}x^2$　　㋑ $y=5x-8$　　㋒ $y=-3x^2$

3 関数 $y=ax^2$ で，次のそれぞれの場合について，a の値を求めなさい。　8点×2〔16点〕

(1) x の変域が $-4 \leqq x \leqq 2$ のとき，y の変域が $0 \leqq y \leqq 4$ である。

(2) x の値が2から5まで増加するときの変化の割合が14である。

満点ゲット作戦
関数 $y=ax^2$ で，x の変域と y の変域を考えるときは，
先におおよその形のグラフをかいてから考えるようにしよう。

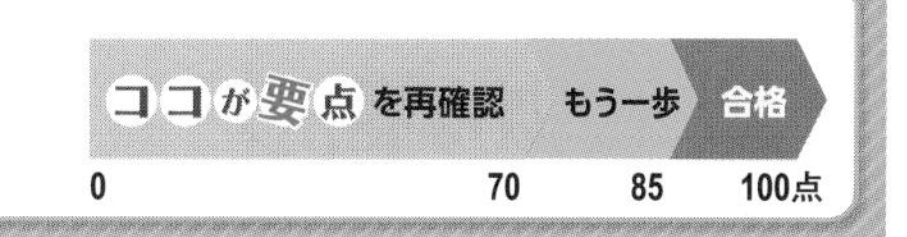

4 差がつく 右の図のように，関数 $y=\frac{1}{2}x^2$ のグラフと直線 $y=ax+b$ が 2 点 A，B で交わっています。

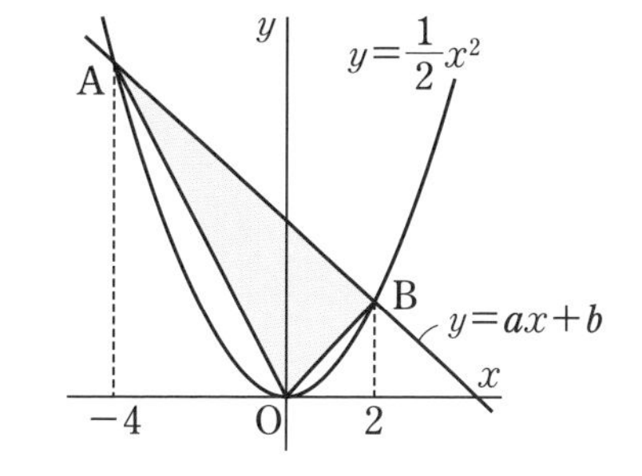

(1) A の y 座標を求めなさい。　　8点×3〔24点〕

(2) a，b の値を求めなさい。

(3) △OAB の面積を求めなさい。

5 運送会社 A，B では，送る荷物の重さによって，料金が決まっています。運送会社 A では，5 kg までの料金が 1500 円で，その後 1 kg ごとに 300 円ずつ高くなります。運送会社 B では 6 kg までの料金が 2000 円で，その後 1 kg ごとに 150 円ずつ高くなります。運送会社 B の料金のほうが安くなるのは，荷物が何 kg より重いときですか。　〔10点〕

1	(1)	(2)
	(3) 図にかきなさい。	(4)
	(5)	
2		
3	(1)	(2)
4	(1)	(2) $a=$　　　$b=$
	(3)	
5		

1	/40点	**2**	/10点	**3**	/16点	**4**	/24点	**5**	/10点

1節 相似な図形

テストに出る！ 教科書のココが要点

さらっとまとめ（赤シートを使って，□に入るものを考えよう。）

1 相似な図形 教 p.130～p.134　★合同な図形のときと比べてみよう。

- ある図形を，形を変えずに拡大，縮小した図形は，もとの図形と［相似］であるという。
- △ABC と △DEF が相似であることを，記号を使って，△ABC［∽］△DEF と表す。
- 相似な図形では，対応する部分の長さの［比］はすべて等しく，対応する［角］の大きさはそれぞれ等しい。また，対応する部分の長さの比を［相似比］という。

2 三角形の相似条件 教 p.135～p.138　★この 3 つはとても重要！

- ［3 組の辺］の比がすべて等しい。・［2 組の辺］の比とその間の［角］がそれぞれ等しい。
- ［2 組の角］がそれぞれ等しい。

3 相似の利用 教 p.139～p.141

- 直接測定できない距離や高さは［縮図］をかいて求めることができる。

スピード確認（□に入るものを答えよう。答えは，下にあります。）

1

□ 図 1 で，△ABC と △PQR は相似である。このとき，△ABC と △PQR の相似比は［①］：［②］，∠Q=［③］° である。

また，BC=［④］cm である。

★相似のときも，対応する頂点を同じ順に書こう。

図 1

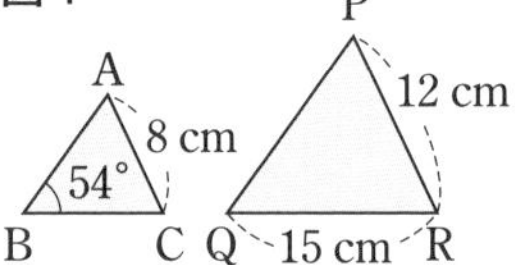

2

□ 図 2 で，$a:a'=b:$［⑤］$=c:c'$ のとき，［⑥］の比がすべて等しいから，△ABC∽△A′B′C′

図 2

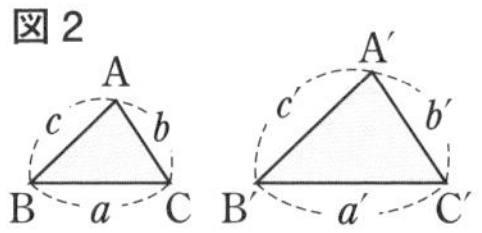

□ 図 3 で，$a:a'=c:c'$，∠B=［⑦］のとき，［⑧］の比とその間の［⑨］がそれぞれ等しいから，△ABC∽△A′B′C′

図 3

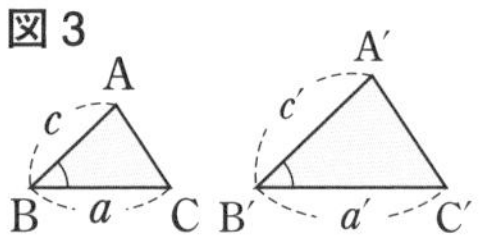

□ 図 4 で，∠B=∠B′，∠C=［⑩］のとき，［⑪］がそれぞれ等しいから，△ABC∽△A′B′C′

図 4

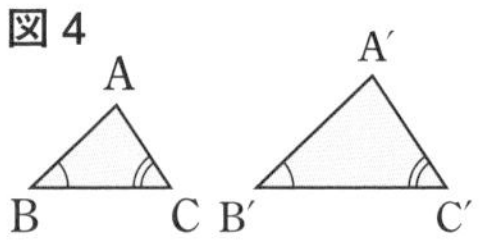

① ____
② ____
③ ____
④ ____
⑤ ____
⑥ ____
⑦ ____
⑧ ____
⑨ ____
⑩ ____
⑪ ____

答　①2　②3　③54　④10　⑤b'　⑥3 組の辺　⑦∠B′　⑧2 組の辺　⑨角　⑩∠C′　⑪2 組の角

解答 p.9

基礎力UP テスト対策問題

1 相似な図形　右の図で，
四角形 ABCD∽四角形 EFGH です。

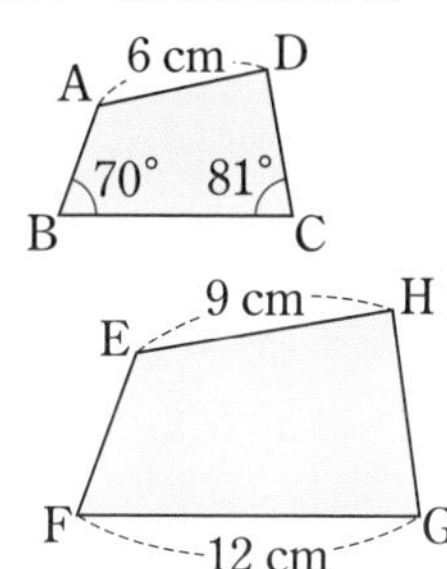
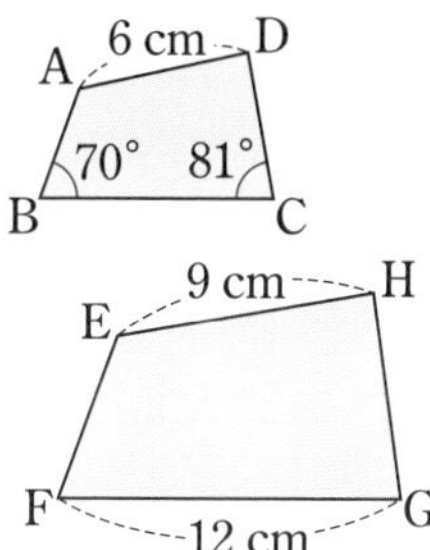

(1)　四角形 ABCD と四角形 EFGH の相似比を求めなさい。

(2)　辺 BC の長さを求めなさい。

(3)　∠F の大きさを求めなさい。

2 三角形の相似条件　右の図について，次の問に答えなさい。

(1)　相似な三角形を記号∽を使って表しなさい。

(2)　(1)で使った相似条件をいいなさい。

3 三角形の相似条件　右の図の **△ABC** で，**D** は辺 **AB** 上，**E** は辺 **AC** 上の点で，**∠ABC＝∠AED** です。

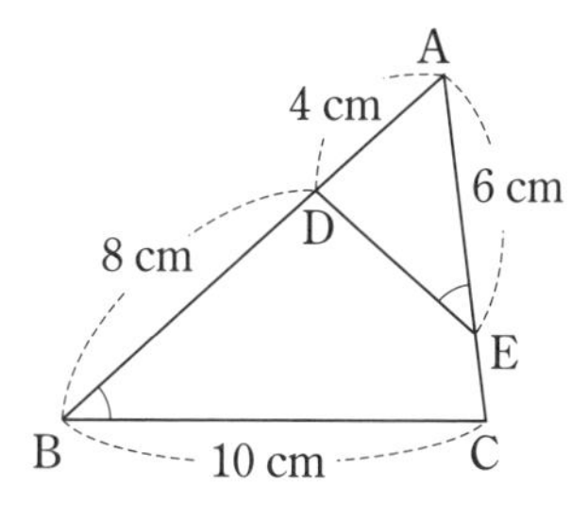

(1)　△ABC∽△AED となることを証明しなさい。

(2)　DE の長さを求めなさい。

4 相似の利用　右の**図 2** は，**図 1** で示された 3 地点 A，B，C について，$\frac{1}{500}$ の縮図をかいたものであり，縮図における A′B′ の長さは 7 cm です。実際の 2 地点 A，B 間の距離は何 m か求めなさい。

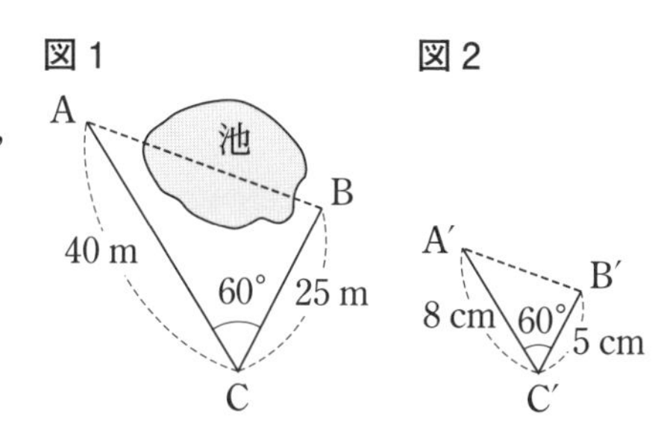

テスト対策ナビ

ポイント
相似比は，対応する部分の長さの比である。相似比は，最も簡単な整数の比で表すこと。

思い出そう！
$a：b＝m：n$
ならば，$an＝bm$

絶対に覚える！
■三角形の相似条件
1 3 組の辺の比がすべて等しい。
2 2 組の辺の比とその間の角がそれぞれ等しい。
3 2 組の角がそれぞれ等しい。

対応する頂点の名まえを，周にそって同じ順にかこう。

4 図2は $\frac{1}{500}$ の縮図だから，実際の A，B 間の距離は A′B′ の長さの 500 倍になる。また，cm を m に直さなければならないことにも注意する。

解答 p.9

テストに出る！

予想問題 ①

5章 ［相似な図形］ 形に着目して図形の性質を調べよう

1節 相似な図形

20分

/11問中

1 相似な図形　次のような四角形を，下の図にかき入れなさい。

(1) 点Oを相似の中心として，四角形ABCDの各辺を2倍に拡大した四角形EFGH

(2) 点Oを相似の中心として，四角形ABCDの各辺を$\frac{1}{2}$に縮小した四角形IJKL

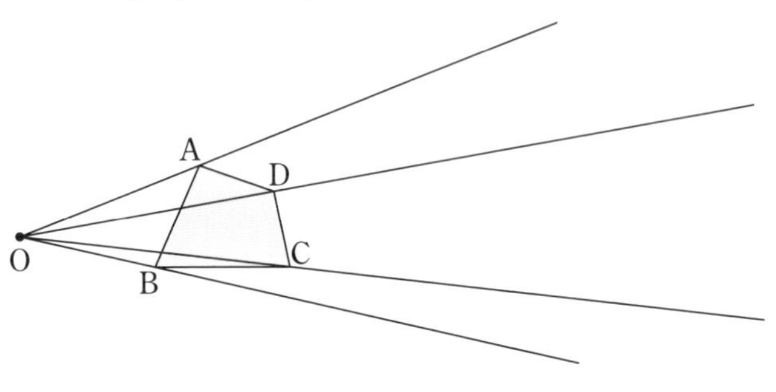

2 よく出る　相似な図形　下の図で，△ABC∽△DEF であるとき，次の問に答えなさい。

(1) △ABC と △DEF の相似比を求めなさい。

(2) 辺ACの長さを求めなさい。

(3) ∠E の大きさを求めなさい。

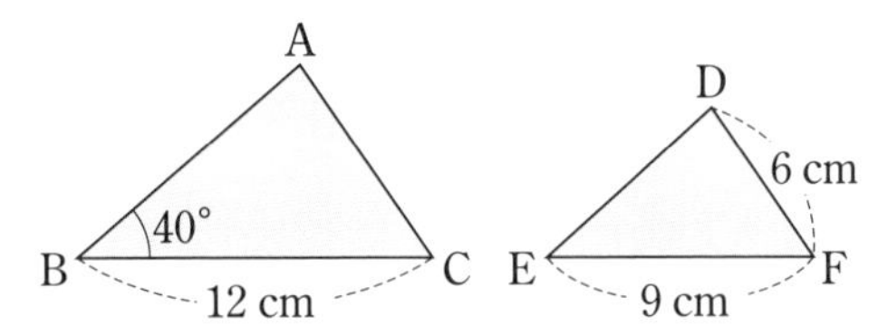

3 三角形の相似条件　下の図のなかから，相似な三角形の組を3つ見つけ，記号で答えなさい。また，そのときに使った相似条件をいいなさい。

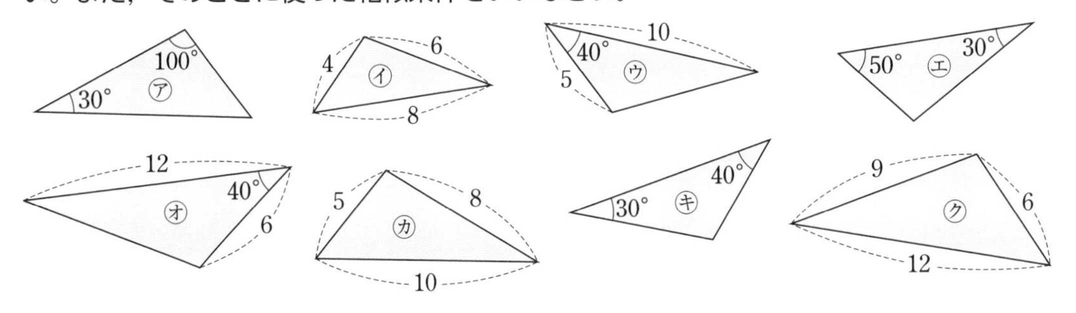

1 (1) たとえば，点Aに対応する点Eは，OE＝2OA となる点である。

テストに出る！

予想問題 ②

5章［相似な図形］形に着目して図形の性質を調べよう

1節 相似な図形

20分 /10問中

1 三角形の相似条件　下のそれぞれの図で，相似な三角形を記号∽を使って表しなさい。また，そのときに使った相似条件をいいなさい。

(1)

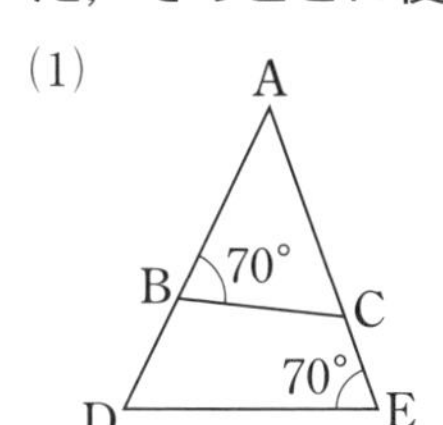

(2)

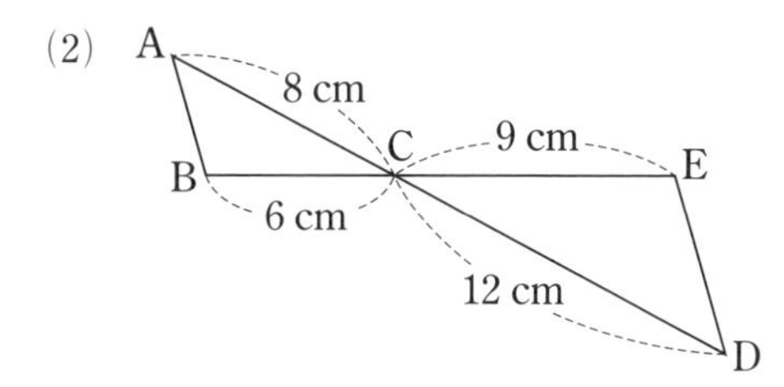

2 よく出る　三角形の相似　∠C＝90° である直角三角形 ABC で，点 C から辺 AB に垂線 CD をひきます。

(1) △ABC∽△CBD となることを証明しなさい。

(2) CD の長さを求めなさい。

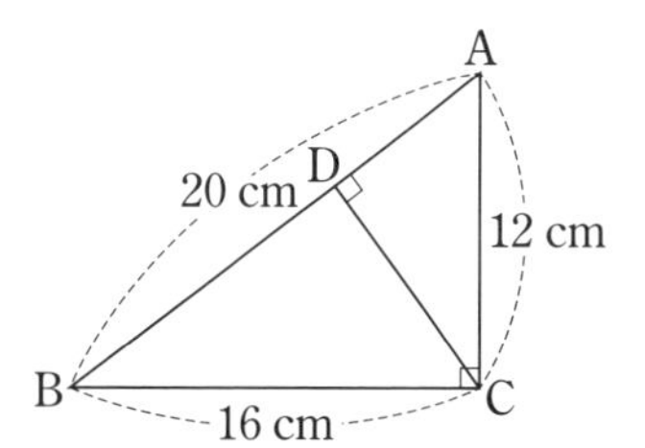

3 三角形の相似　右の図の △ABC で，D は辺 AC 上，E は辺 AB 上の点で，∠BDC＝∠BEC，AE＝BE です。

(1) △ABD∽△ACE となることを証明しなさい。

(2) AD の長さを求めなさい。

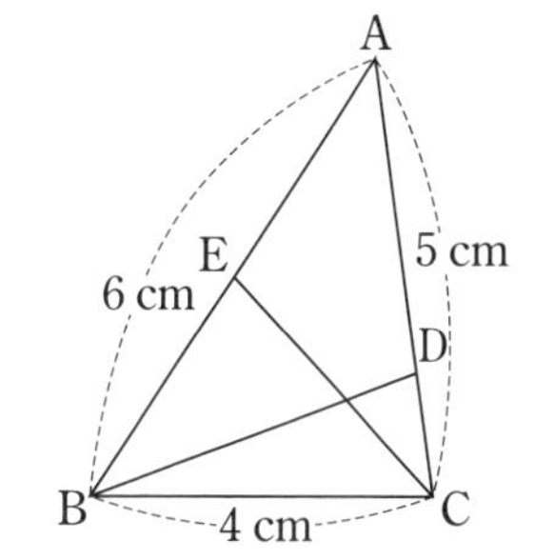

4 相似の利用　木から 20 m はなれた地点 P から木の先端(せんたん) A を見上げたら，水平の方向に対して 30° 上に見えました。目の高さを 1.5 m として，木の高さを求めなさい。

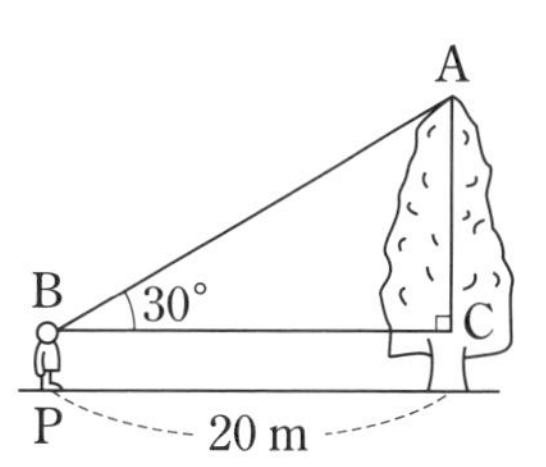

5 測定値の表し方　ある距離の測定値 17 万 km の有効数字が 1，7，0 のとき，この測定値を，(整数部分が 1 けたの数)×(10 の累乗) の形に表しなさい。

3 (1) ∠BDC＝∠BEC より，∠ADB＝∠AEC となる。

4 実際に縮図をかき，AC にあたる長さを求め，それを利用して木の高さを求める。

2節 平行線と比

テストに出る！ 教科書のココが要点

さらっとまとめ（赤シートを使って，□に入るものを考えよう。）

1 三角形と比 教 p.144～p.147

・図1で，DE∥BC ならば，

AD：AB＝[AE]：AC＝[DE]：BC

AD：DB＝AE：[EC]

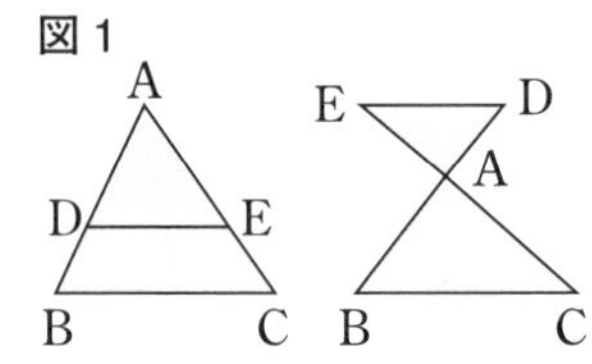

・逆に，AD：AB＝AE：AC または AD：DB＝AE：EC ならば，DE∥[BC]

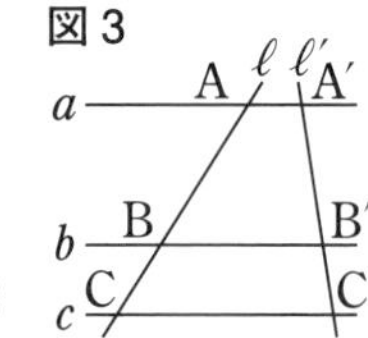

2 中点連結定理 教 p.148～p.150

・図2の △ABC の2辺 AB，AC の中点をそれぞれ M，N とすると，MN[∥]BC，MN＝[$\frac{1}{2}$]BC

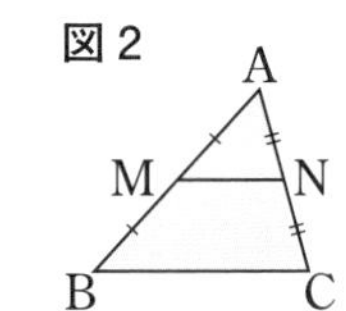

3 平行線と比 教 p.151～p.153

・図3で，直線 a，b，c が平行ならば，AB：BC＝[A′B′]：B′C′

スピード確認（□に入るものを答えよう。答えは，下にあります。）

1

□ 図1で，5：15＝x：[①] より，
x＝[②]

□ 図1で，5：[③]＝y：18 より，
y＝[④]

□ 図2で，8：x＝[⑤]：9 より，
x＝[⑥]

★$a：c＝b：d$ ⟶ $ad＝bc$

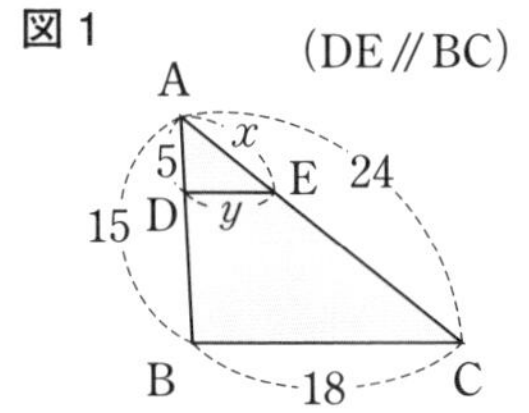

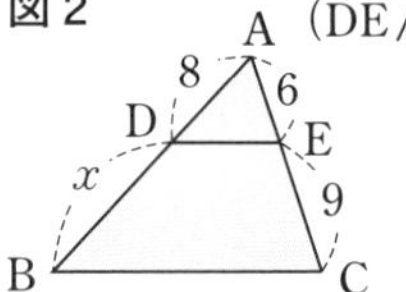

2

□ 右の図で，点 M，N がそれぞれ辺 AB，AC の中点であるとき，[⑦]定理より，
MN[⑧]BC，MN＝$\frac{1}{2}$BC＝[⑨](cm)

3

□ 右の図で，直線 ℓ，m，n が平行であるとき，10：[⑩]＝x：4 より，x＝[⑪]

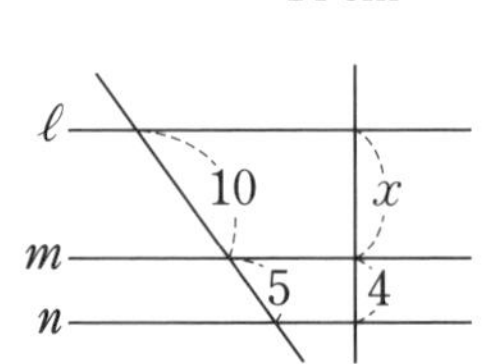

①
②
③
④
⑤
⑥
⑦
⑧
⑨
⑩
⑪

答　①24　②8　③15　④6　⑤6　⑥12　⑦中点連結　⑧∥　⑨7　⑩5　⑪8

解答 p.10

基礎力UP テスト対策問題

1 三角形と比　下の図で，$DE /\!/ BC$ とするとき，x，y の値を求めなさい。

(1)

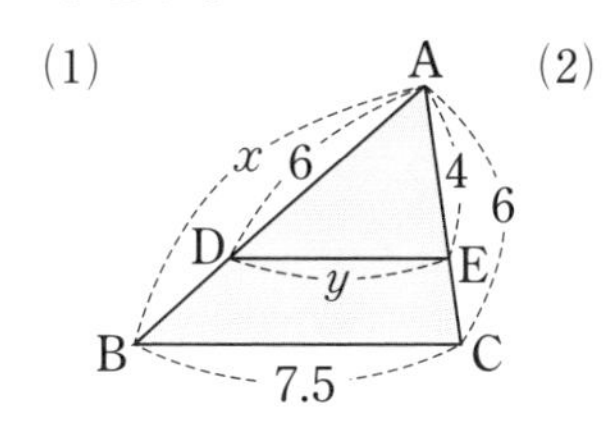

(2)

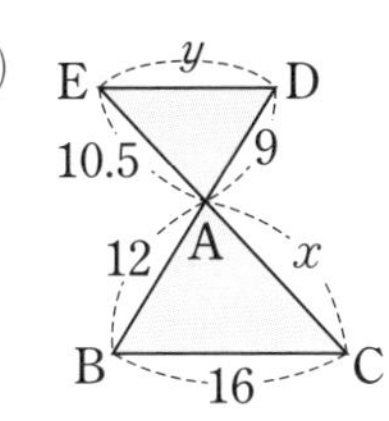

(3)

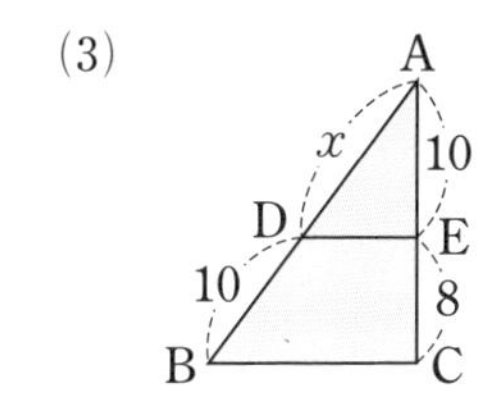

2 三角形と比　右の図で，線分 DE，EF，FD のうち，△ABC の辺に平行なものはどれですか。

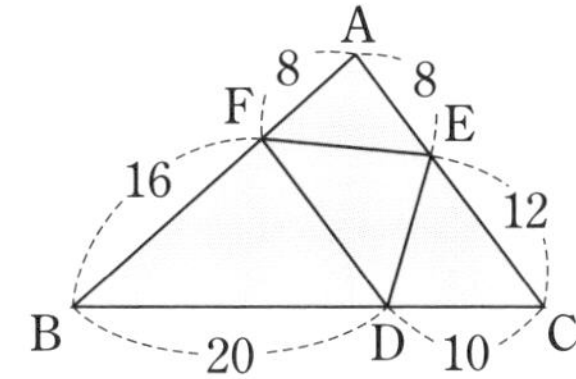

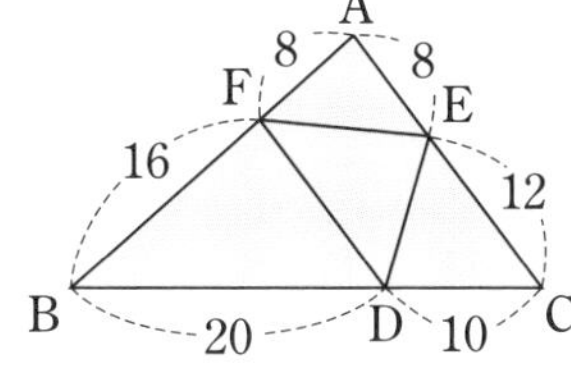

3 中点連結定理　右の図で，点 D，E，F はそれぞれ △ABC の辺 BC，CA，AB の中点です。△DEF の周の長さを求めなさい。

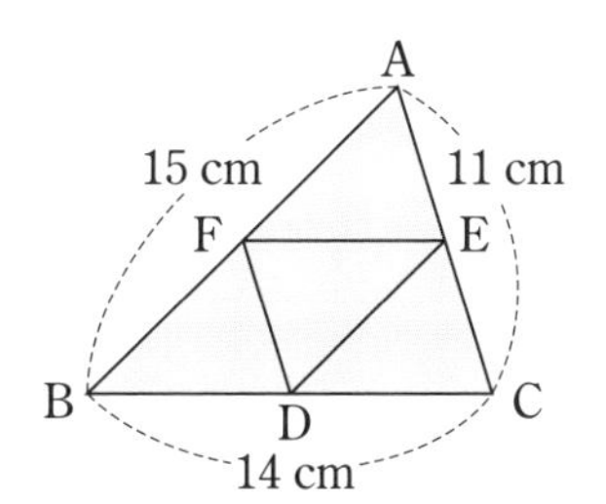

4 平行線と比　下の図で，直線 ℓ，m，n が平行であるとき，x の値を求めなさい。

(1)

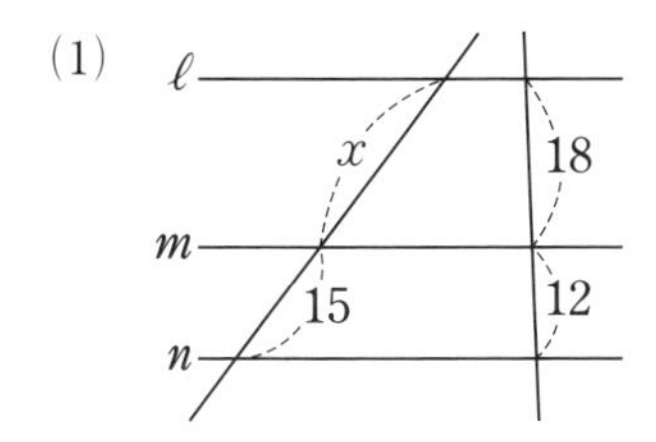

(2)

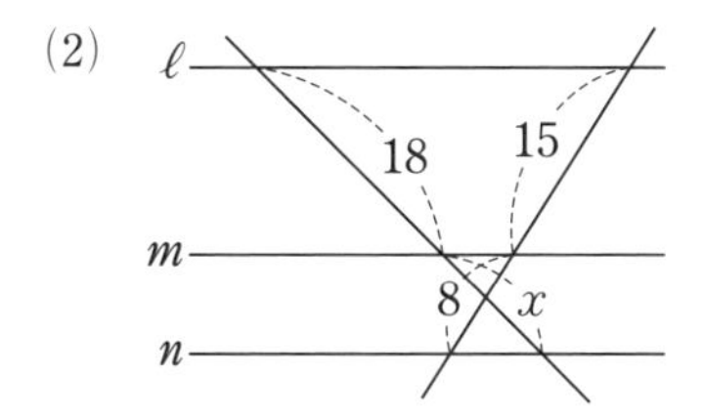

5 平行線と比　右の線分 AB について，AB を 4：1 に分ける点 P を求めなさい。

A　　　　　　　　　　　　　　　　B

テスト対策ナビ

思い出そう！

$a : b = m : n$
ならば，$an = bm$

絶対に覚える！

■三角形と比

$a : b = c : d$

$a : e = c : f$

$= g : h$

3 中点連結定理を使って，DE，EF，FD の長さを求める。

絶対に覚える！

■平行線と比

$a : b = a' : b'$

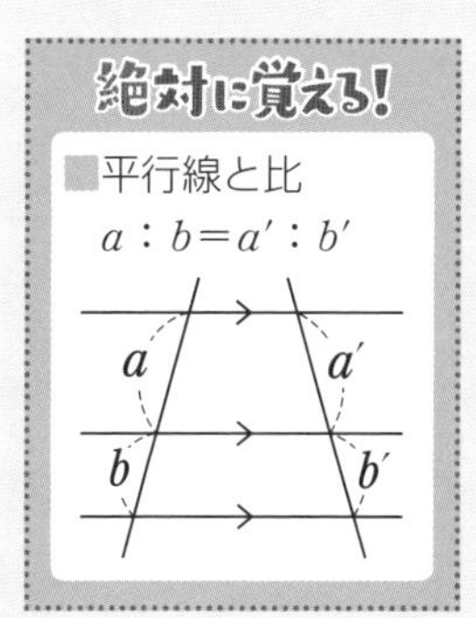

テストに出る！
予想問題
5章［相似な図形］形に着目して図形の性質を調べよう
2節 平行線と比

20分　/12問中

1 よく出る　三角形と比　下の図で，DE∥BC とするとき，x，y の値を求めなさい。

(1)

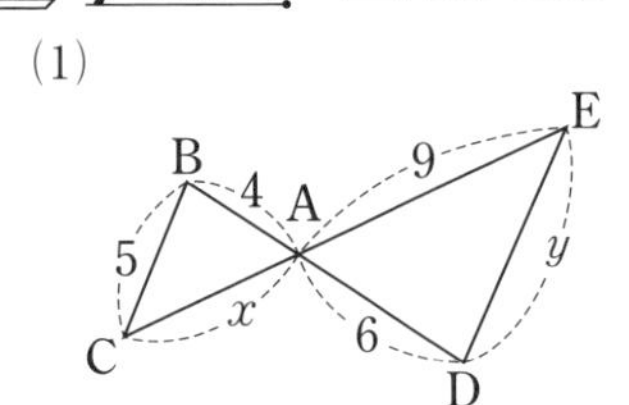

(2)

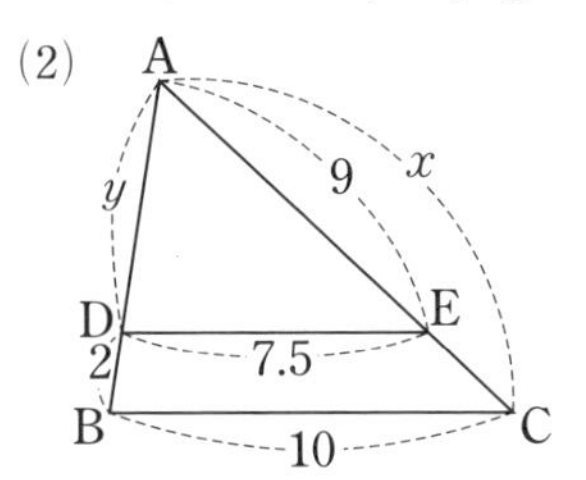

2 中点連結定理　右の図で，AD∥BC であり，E，F はそれぞれ辺 AB，辺 DB の中点，G は EF の延長と DC の交点です。

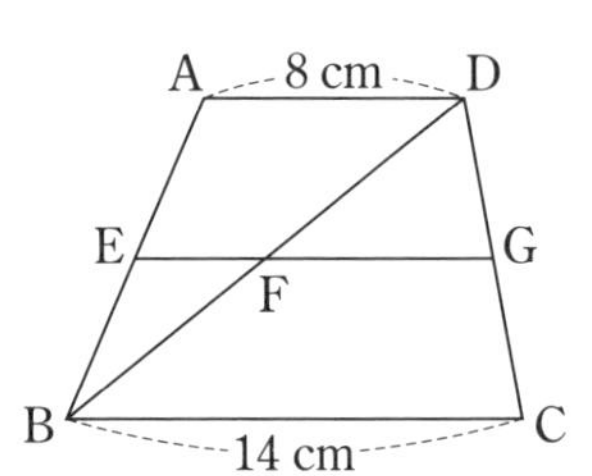

(1) EF の長さを求めなさい。

(2) EG の長さを求めなさい。

3 中点連結定理　右の図のように，四角形 ABCD の辺 AD，BC，および対角線 AC，BD の中点をそれぞれ E，F，G，H とするとき，四角形 EGFH は平行四辺形になります。このことを証明しなさい。

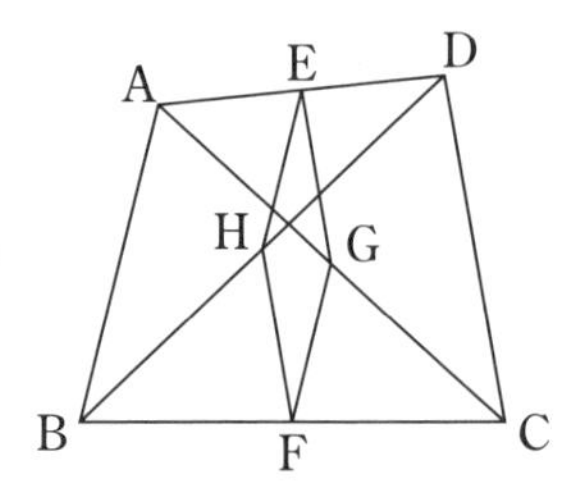

4 平行線と比　下の図で，直線 a，b，c，d が平行であるとき，x，y の値を求めなさい。

(1)

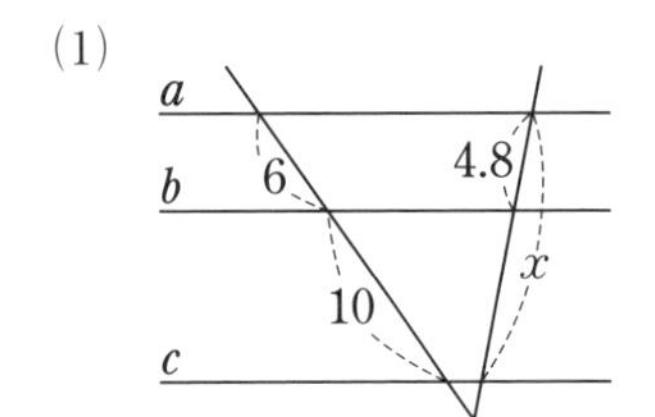

(2)

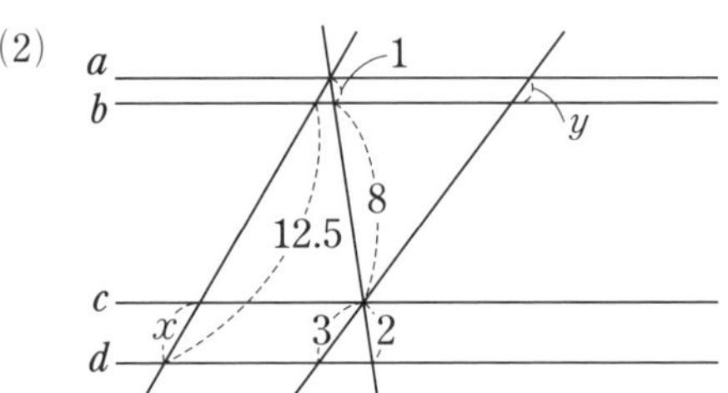

5 平行線と比　右の図で，AB，EF，CD は平行です。

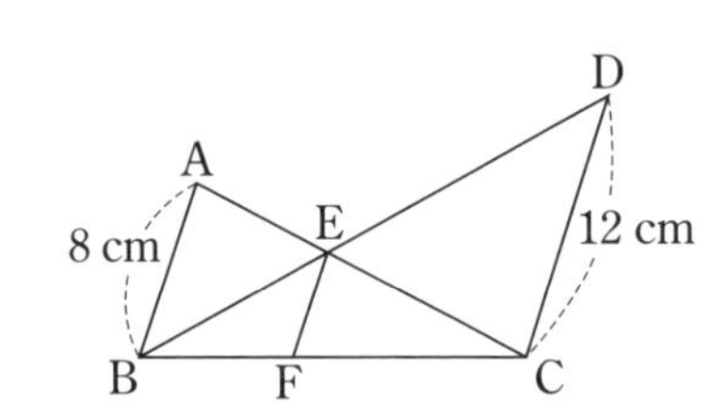

(1) BE：ED を求めなさい。

(2) EF の長さを求めなさい。

2 (2)　AD∥EF，AD∥BC より，EF∥BC となることを利用する。
5 (2)　BE：ED から BE：BD を求め，BE：BD＝EF：DC を利用する。

3節 相似な図形の面積と体積

テストに出る! 教科書のココが要点

さらっとまとめ (赤シートを使って，□に入るものを考えよう。)

1 相似な図形の相似比と面積比 教 p.156〜p.158

・相似な 2 つの平面図形で，その相似比が $m:n$ ならば，
周の長さの比は，m：n ★相似比に等しい。
面積比は，m^2：n^2 ★相似比の 2 乗に等しい。

2 相似な立体の表面積の比や体積比 教 p.159〜p.161

・1 つの立体を形を変えずに，一定の割合に拡大したり，縮小したりした立体は，もとの立体と 相似 である。
・相似な立体の対応する部分の長さの比を 相似比 という。
・相似な 2 つの立体で，その相似比が $m:n$ ならば，
表面積の比は，m^2：n^2 ★相似比の 2 乗に等しい。
体積比は，m^3：n^3 ★相似比の 3 乗に等しい。

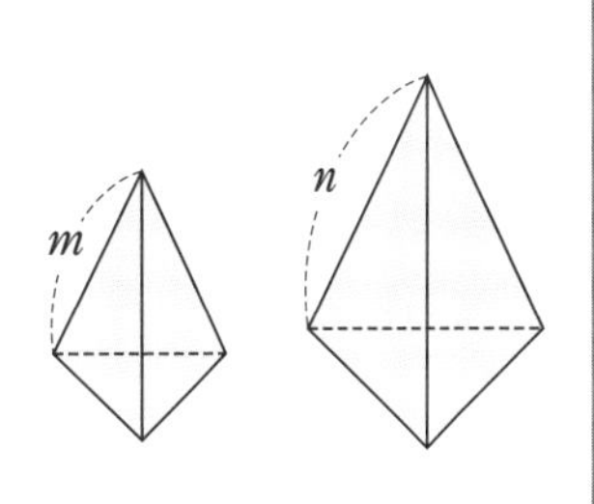

スピード確認 (□に入るものを答えよう。答えは，下にあります。)

1

□ 図 1 で，△ABC∽△PQR であり，相似比は，15：25＝ ① ： ② である。よって，△ABC と △PQR の周の長さの比は， ③ ： ④ である。

□ 図 1 で，△ABC と △PQR の面積比は， ⑤ ： ⑥ である。

★相似な平面図形の周の長さの比と面積比を確認しよう。

図 1

15 cm, 25 cm (A, B, C, P, Q, R)

(∠B＝∠Q, ∠C＝∠R＝90°)

2

□ 図 2 の 2 つの立方体 P と Q は相似であり，相似比は，8：10＝ ⑦ ： ⑧ である。

□ 図 2 の 2 つの立方体 P と Q の表面積の比は， ⑨ ： ⑩ である。

□ 図 2 の 2 つの立方体 P と Q の体積比は， ⑪ ： ⑫ である。

★相似な立体の表面積の比と体積比を確認しよう。

図 2

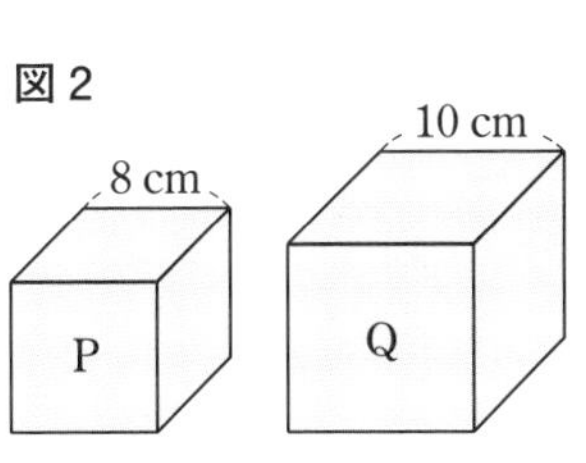

①
②
③
④
⑤
⑥
⑦
⑧
⑨
⑩
⑪
⑫

答 ①3 ②5 ③3 ④5 ⑤9 ⑥25 ⑦4 ⑧5 ⑨16 ⑩25 ⑪64 ⑫125

解答 p.10

基礎力UP テスト対策問題

1 相似な図形の相似比と面積比

右の図の 2 つの円 P，Q について，次の問に答えなさい。

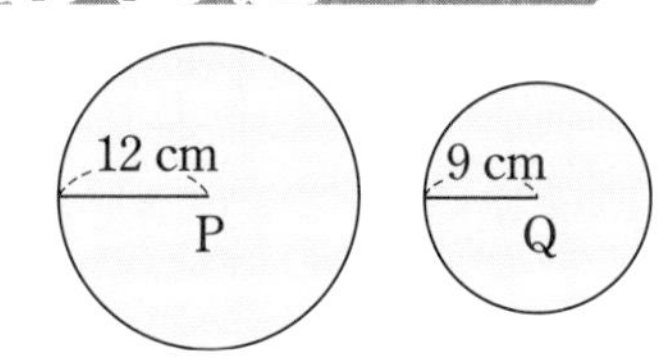

(1) P と Q の周の長さの比

(2) P と Q の面積比

2 相似な図形の相似比と面積比

右の図で，△ABC∽△DEF です。

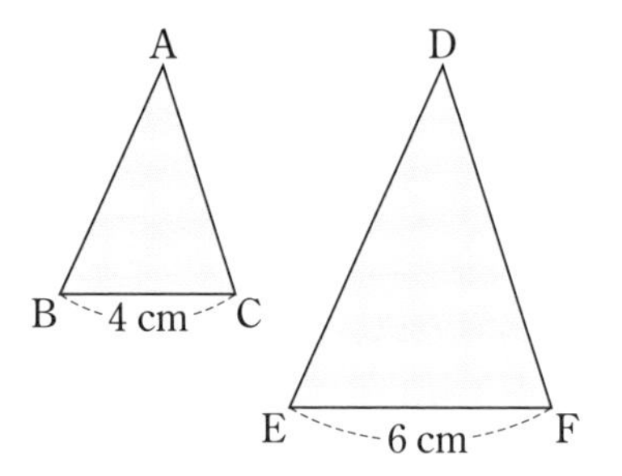

(1) △ABC の周の長さが 14 cm のとき，△DEF の周の長さを求めなさい。

(2) △DEF の面積が 27 cm^2 のとき，△ABC の面積を求めなさい。

3 相似な立体の表面積の比や体積比　半径が 3 cm の球 O と半径が 4 cm の球 P について，次の問に答えなさい。

(1) O と P の表面積の比

(2) O と P の体積比

4 相似な立体の表面積の比や体積比　右の図で，直方体 P と Q は相似です。

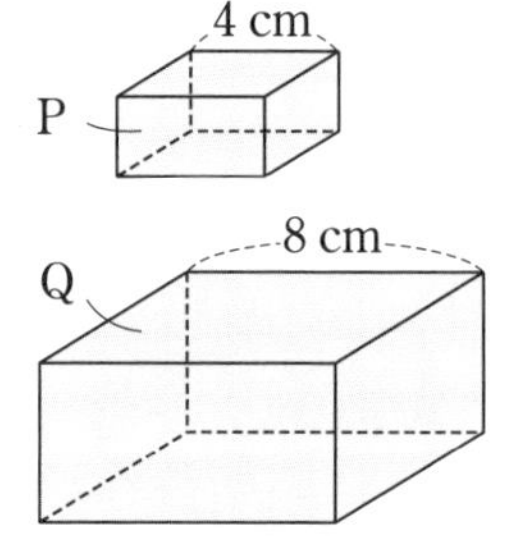

(1) Q の表面積が 208 cm^2 のとき，P の表面積を求めなさい。

(2) P の体積が 48 cm^3 のとき，Q の体積を求めなさい。

テスト対策ナビ

1 半径がどんな値であっても，2 つの円は相似である。

絶対に覚える！

2 つの平面図形の相似比が m : n のとき，
周の長さの比
…m : n
面積比…m^2 : n^2

周の長さの比は相似比と同じだね。

思い出そう！

「表面積」とは，立体のすべての面の面積の和のことである。

3 半径がどんな値であっても，2 つの球は相似である。

絶対に覚える！

2 つの立体の相似比が m : n のとき，
表面積の比
…m^2 : n^2
体積比…m^3 : n^3

ポイント

2 や **4** のように，相似比と一方の面積や体積だけが与えられたとき，他方の面積や体積を求める問題はよく出題されるので注意しよう。

テストに出る！
予想問題

5章［相似な図形］形に着目して図形の性質を調べよう
3節 相似な図形の面積と体積

20分　/9問中

1 よく出る 相似な図形の相似比と面積比　右の図において，四角形 ABCD∽四角形 EFGH です。

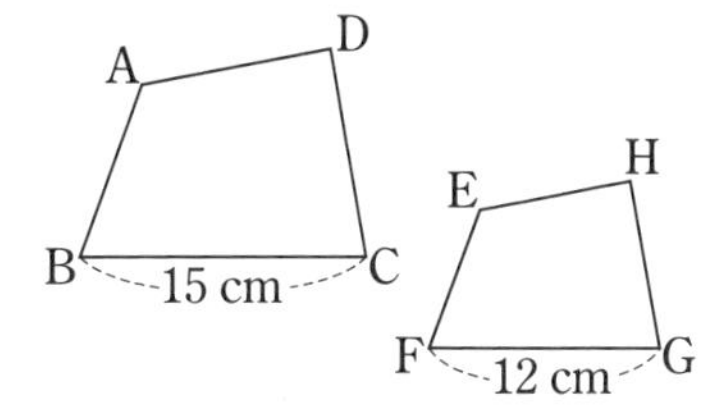

(1) 四角形 ABCD と四角形 EFGH の周の長さの比を求めなさい。

(2) 四角形 ABCD の面積が 75 cm^2 のとき，四角形 EFGH の面積を求めなさい。

2 相似な図形の相似比と面積比　右の図で，点 P，Q は △ABC の辺 AB を 3 等分する点で，線分 PR，QS は，いずれも辺 BC に平行です。

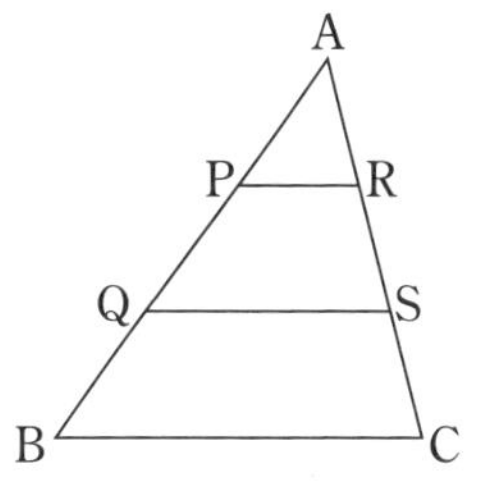

(1) △APR の面積が 27 cm^2 のとき，△ABC の面積を求めなさい。

(2) △ABC の面積が 144 cm^2 のとき，△AQS の面積を求めなさい。

(3) 四角形 PQSR の面積が 78 cm^2 のとき，四角形 QBCS の面積を求めなさい。

3 相似な立体の表面積の比や体積比　相似な 2 つの三角柱 P，Q があり，その表面積の比は 9：16 です。

(1) P と Q の相似比を求めなさい。

(2) P の体積が 135 cm^3 のとき，Q の体積を求めなさい。

4 相似な立体の体積比　右の図のような深さが 20 cm の円錐の形の容器に 320 cm^3 の水を入れたら，水の深さは 16 cm になりました。

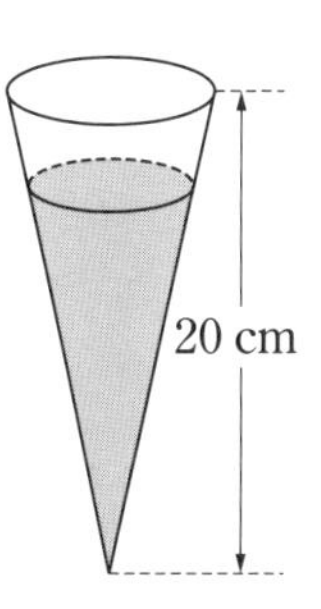

(1) 水の体積は容器の容積の何倍ですか。

(2) この容器をいっぱいにするには，あと何 cm^3 の水が必要ですか。

2 △APR の面積を a cm^2 として，求める図形の面積を a を使って表すとよい。

4 (2) (1)より，水の体積の $\frac{125}{64}$ 倍が容器の容積である。

テストに出る！

章末予想問題

5章 [相似な図形]
形に着目して図形の性質を調べよう

30分 /100点

1 下の図で，x の値を求めなさい。 7点×3〔21点〕

(1)

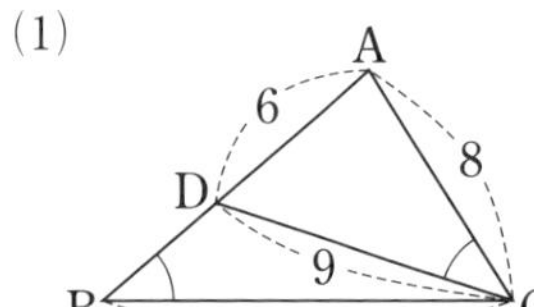

(∠ABC＝∠ACD)

(2)

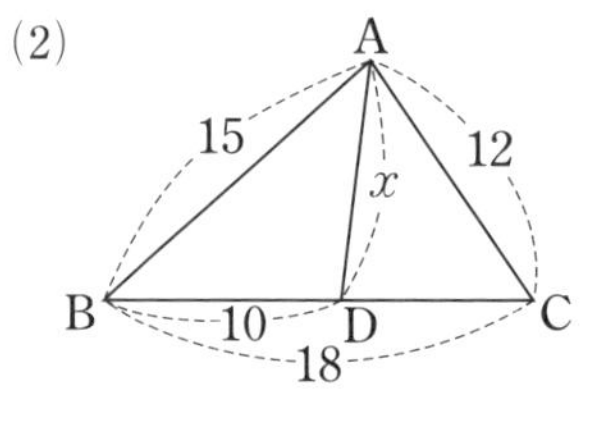

(3)

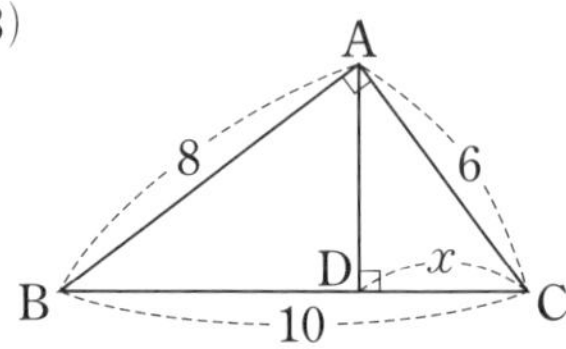

2 差がつく 右の図で，△ABC と △ADE は正三角形で，**AB＝10 cm，AD＝9 cm** です。また，辺 **AC** と **DE** の交点を **F** とします。**BD＜DC** のとき，次の問に答えなさい。 7点×3〔21点〕

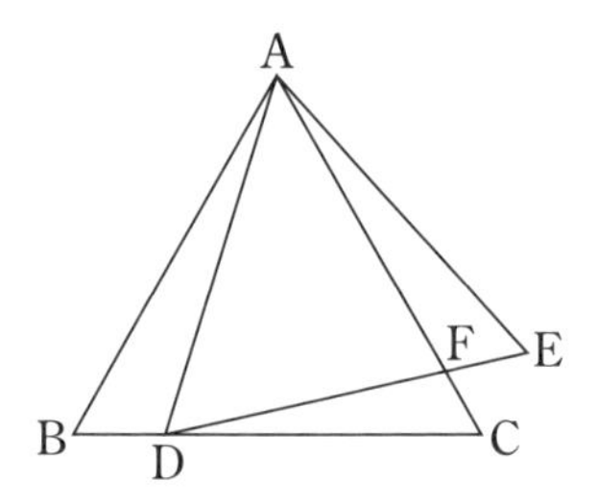

(1) △ABD∽△AEF となることを証明しなさい。

(2) CF の長さを求めなさい。

(3) BD の長さを求めなさい。

3 右の図の △ABC で，D，E は辺 AB を 3 等分した点，F は辺 AC の中点です。また，G は BC と DF の延長の交点です。DF＝3 cm のとき，FG の長さを求めなさい。 〔8点〕

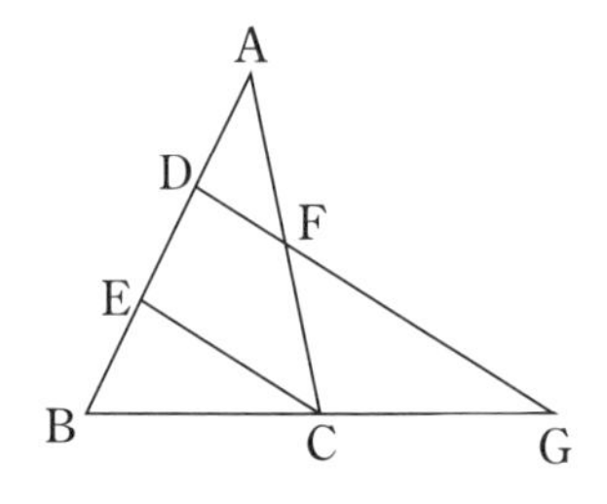

4 下の図で，**AD，BC，EF** は平行であるとき，x の値を求めなさい。 8点×2〔16点〕

(1)

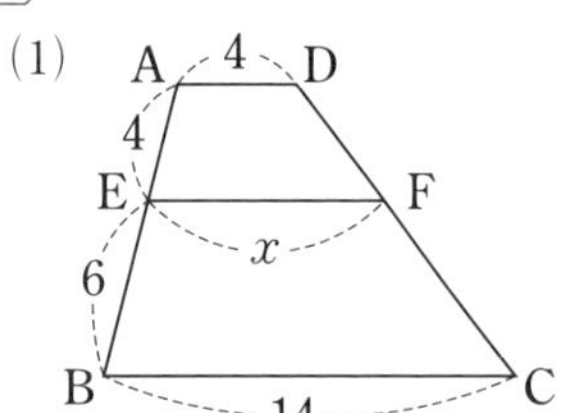

(2)

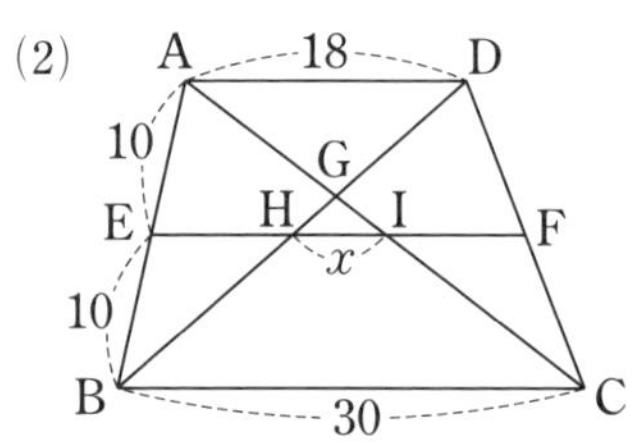

5 右の図で，四角形 ABCD は平行四辺形です。また，辺 AD と BE の延長の交点を G とすると，x，y の値を求めなさい。 〔10点〕

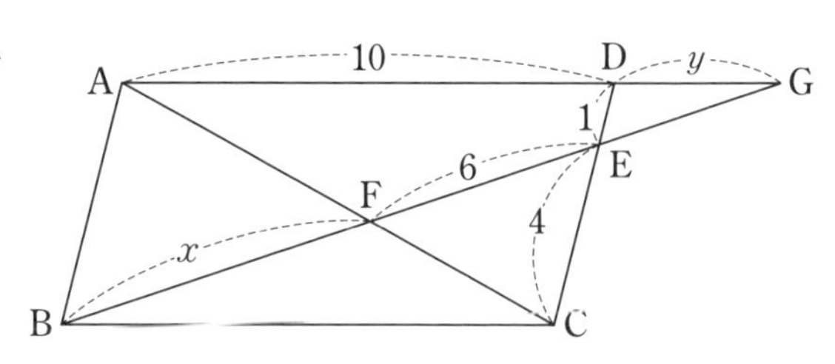

解答 p.11

満点ゲット作戦

三角形の相似条件を覚えよう。比を使って解くときは，順序に気をつけよう。

6 △ABC の ∠A の二等分線と辺 BC との交点を D とすると，AB：AC＝BD：DC となります。点Cを通り，AD に平行な直線と BA の延長との交点をEとして，このことを証明しなさい。〔8点〕

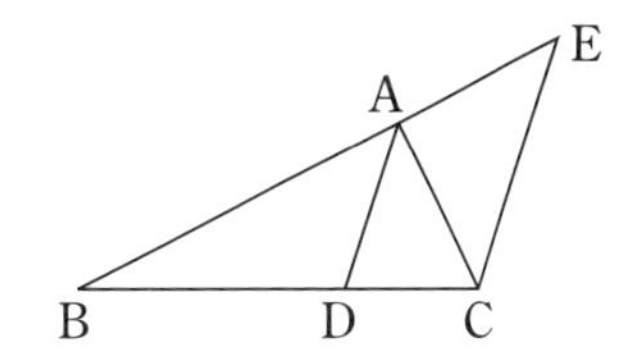

7 **右の図で，M，N は三角錐 ABCD の辺 AB を 3 等分する点です。三角錐 ABCD を M，N を通り底面 BCD に平行な平面で 3 つの立体 P，Q，R に分けます。** 8点×2〔16点〕

(1) 立体Pと三角錐 ABCD の表面積の比を求めなさい。

(2) 立体Pの体積を a とするとき，立体 Q，R の体積を a を使って表しなさい。

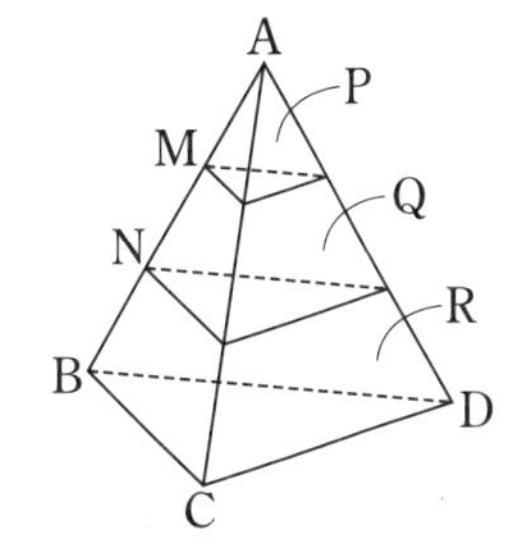

1	(1)	(2)	(3)
2	(1)	(2)	(3)
3			
4	(1)	(2)	
5	$x=$　　$y=$		
6			
7	(1)	(2) Q　　R	

1	**2**	**3**	**4**	**5**	**6**	**7**
/21点	/21点	/8点	/16点	/10点	/8点	/16点

1節 円周角の定理

テストに出る！ 教科書のココが要点

さらっとまとめ (赤シートを使って，□に入るものを考えよう。)

1 円周角の定理 教 p.168～p.170

図1

・１つの弧に対する円周角の大きさは一定であり，その弧に対する中心角の［半分］である。

・右の図１で，∠APB＝［∠AP′B］，∠APB＝$\frac{1}{2}$［∠AOB］

2 円周角と弧 教 p.171～p.172

・等しい円周角に対する［弧］は等しい。　・等しい弧に対する［円周角］は等しい。

3 直径と円周角 教 p.173

図２

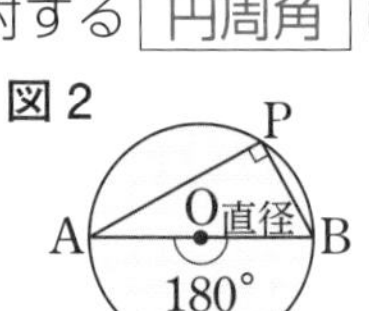

・右の図２のような線分 AB を直径とする円において，∠APB＝［90°］である。

4 円周角の定理の逆 教 p.174～p.175

図３

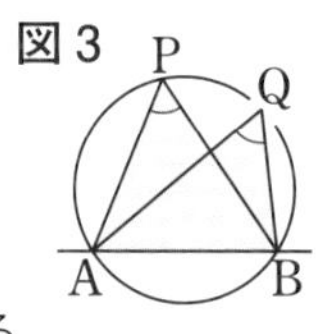

・右の図３のように，P，Q が直線 AB の同じ側にあって，∠APB＝［∠AQB］ならば，４点 A，B，P，Q は１つの［円周］上にある。

スピード確認 (□に入るものを答えよう。答えは，下にあります。)

1
□ ∠AP′B＝［①］°
∠AOB＝［②］°

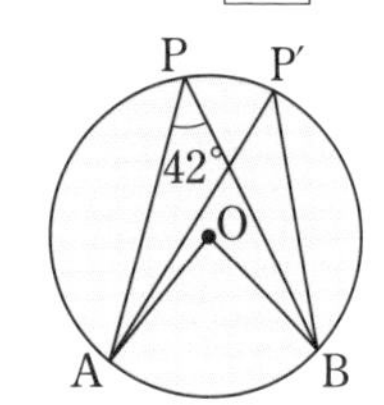

2
□ $\overset{\frown}{AB}=\overset{\frown}{CD}$ ならば，
∠CQD＝［③］°

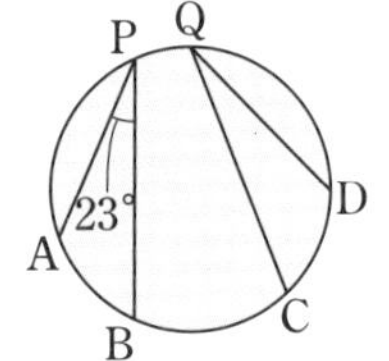

3
□ ∠APB＝［④］°
∠PBA＝180°－(［⑤］°＋55°)
＝［⑥］°

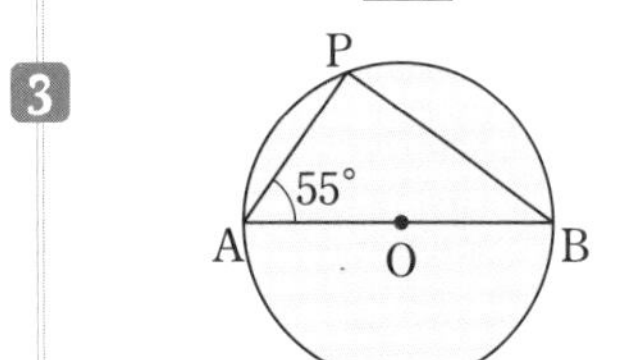

4
□ ∠APB＝［⑦］＝60° より，
４点 A，B，P，Q は
［⑧］の円周上にある。

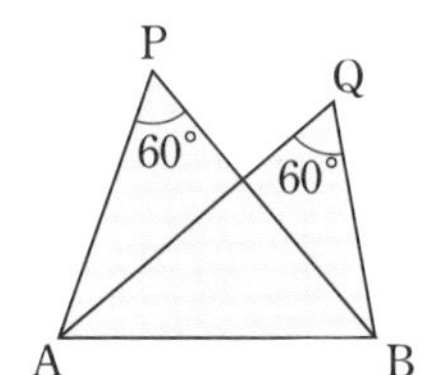

①
②
③
④
⑤
⑥
⑦
⑧

答 ①42　②84　③23　④90　⑤90　⑥35　⑦∠AQB　⑧1つ

解答 p.12

基礎力UP テスト対策問題

1 円周角の定理　下の図で，∠x の大きさを求めなさい。

(1)

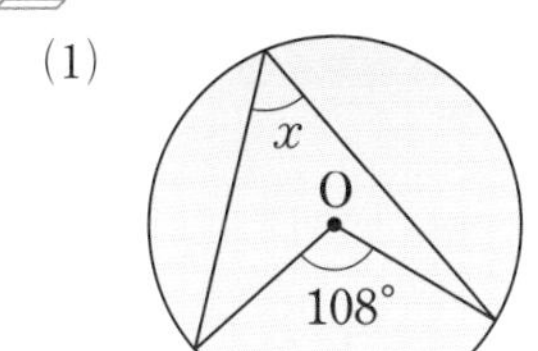

(2)

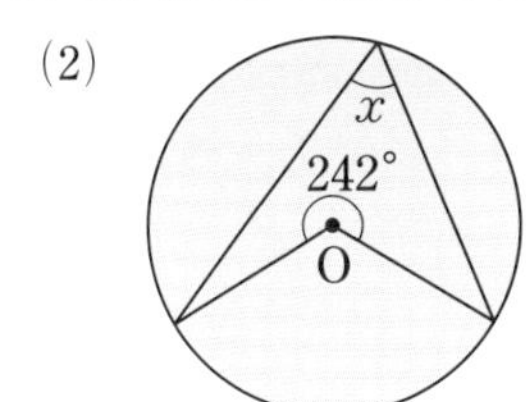

(3)

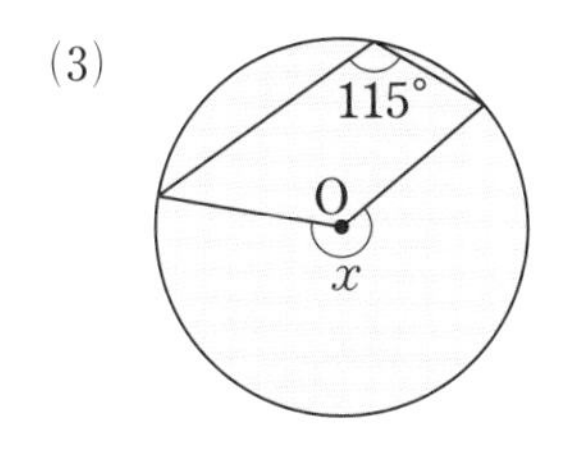

(4)

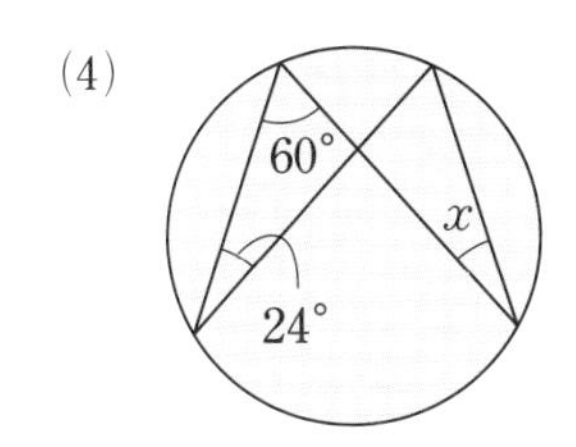

2 円周角と弧　右の図で，$\overset{\frown}{AB}=\overset{\frown}{CD}$ です。

(1) ∠x の大きさを求めなさい。

(2) ∠y の大きさを求めなさい。

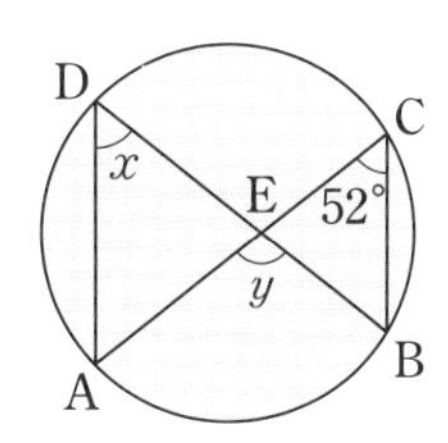

3 直径と円周角　下の図で，∠x の大きさを求めなさい。

(1)

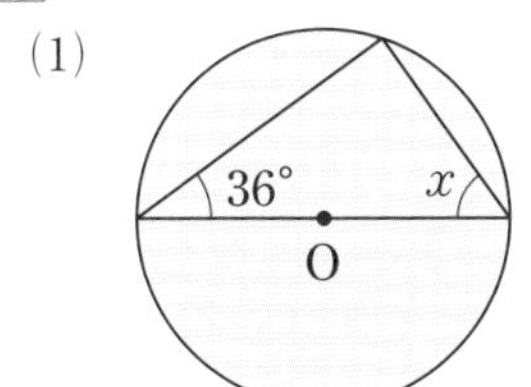

(2)

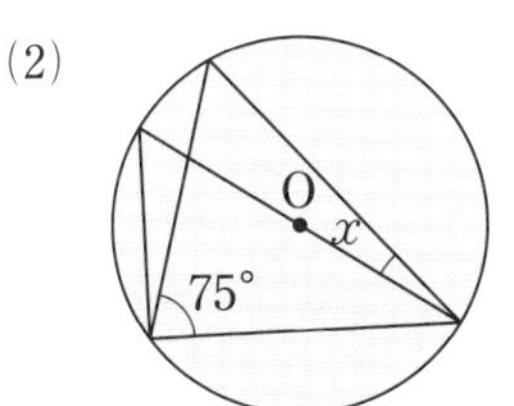

4 円周角の定理の逆　下の㋐～㋒のうち，4点A，B，C，Dが1つの円周上にあるものをすべて選び，記号で答えなさい。

㋐

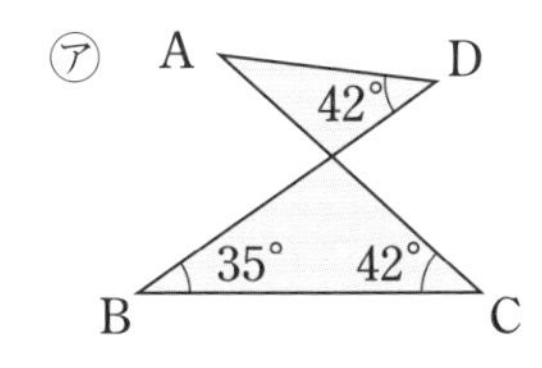

㋑

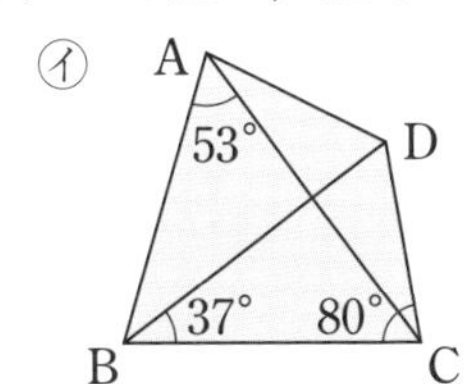

㋒

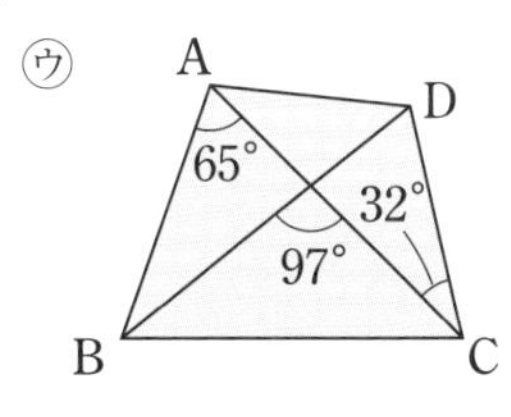

テスト対策ナビ

絶対に覚える!

■円周角の定理
1 1つの弧に対する円周角の大きさは一定
2 円周角の大きさは中心角の大きさの半分

思い出そう!

角度を求める問題は，三角形の角の性質を使う場合が多い。
1 内角の和は180°である。
2 外角は，それととなり合わない2つの内角の和に等しい。

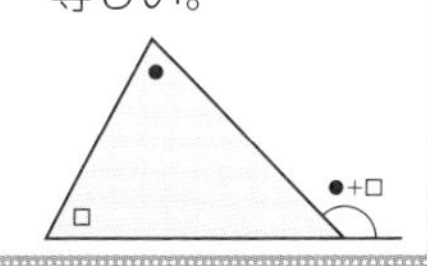

ポイント

■直径と円周角

90°
⇕
直径
O

4 たとえば，㋑では，∠BACと∠BDCの大きさが等しいかどうかを調べればよい。等しければ，円周角の定理の逆により，1つの円周上にある。

テストに出る！

予想問題

6章［円］円の性質を見つけて証明しよう

1節 円周角の定理

20分

/12問中

1 よく出る　円周角の定理　下の図で，$\angle x$ の大きさを求めなさい。

(1)

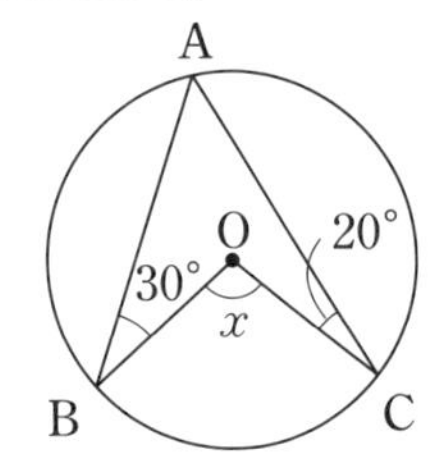

(2)

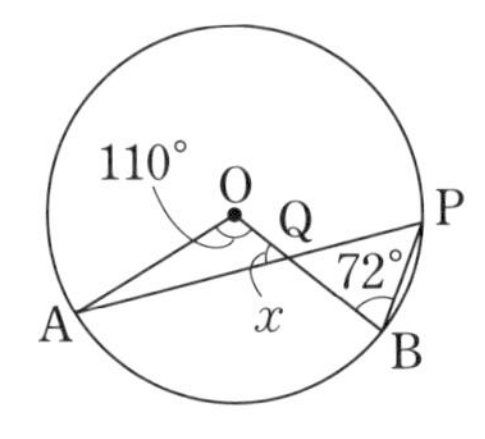

(3)

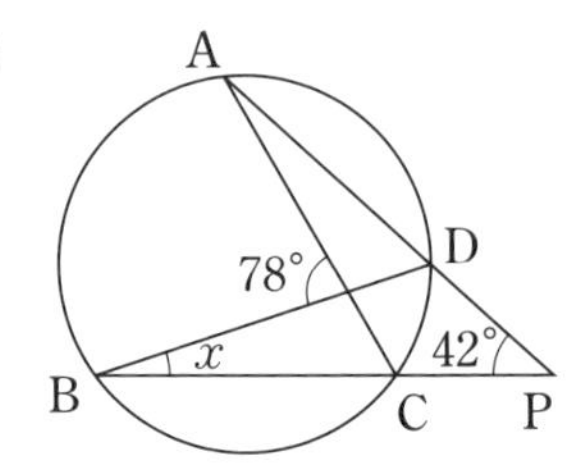

2 円周角と弧　下の図で，$\angle x$ の大きさを求めなさい。

(1)

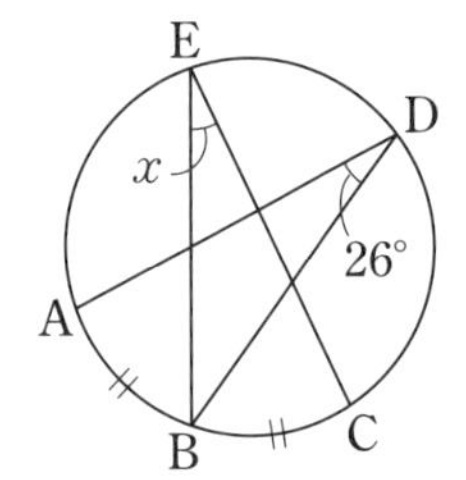

(2)

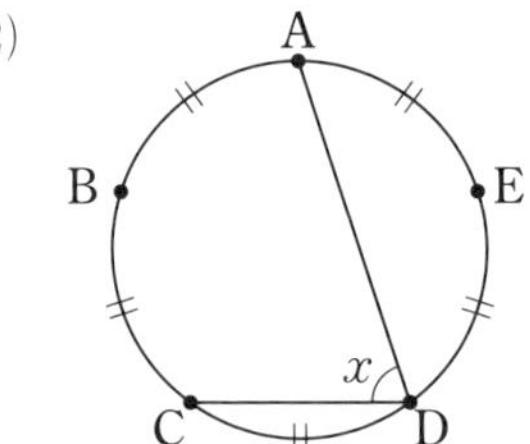

(3)

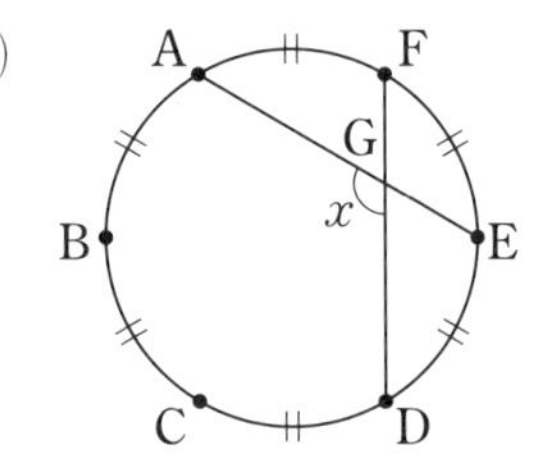

3 直径と円周角　下の図で，$\angle x$ の大きさを求めなさい。

(1)

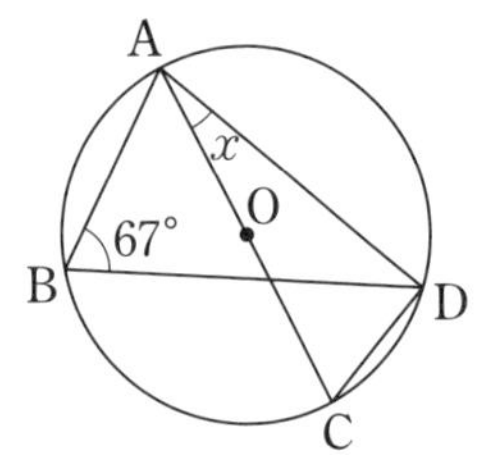

(2)

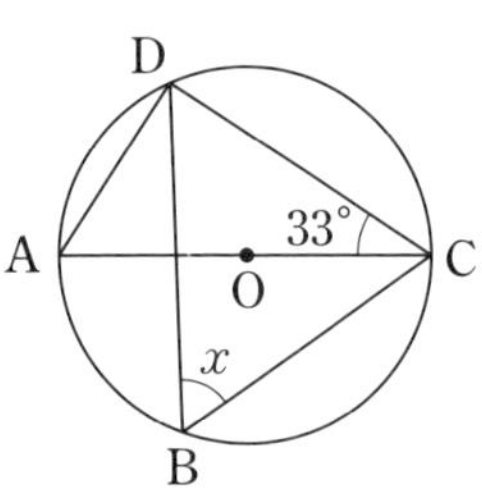

(3)

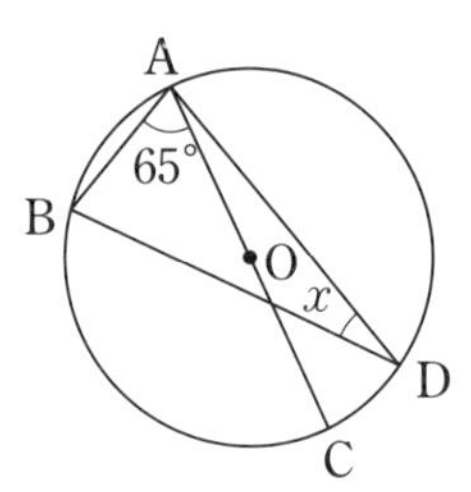

(4)

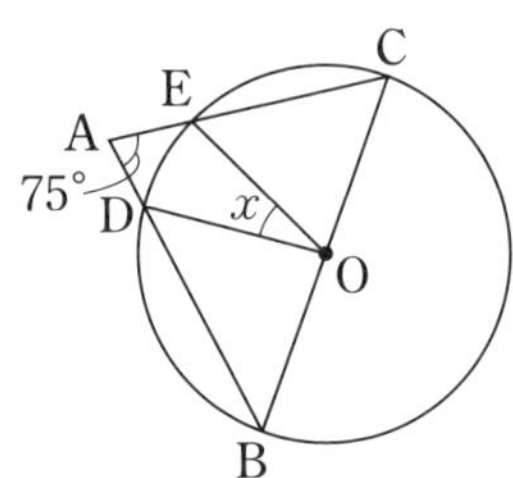

4 円周角の定理の逆　右の図について，次の問に答えなさい。

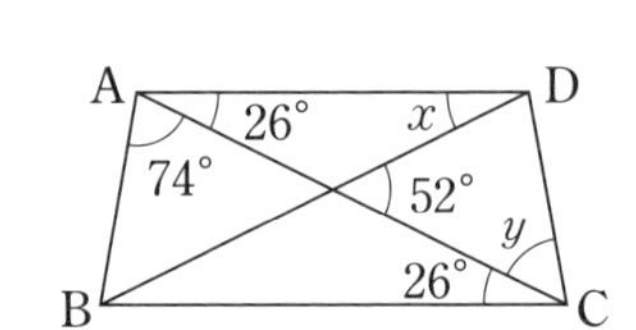

(1) $\angle x$ の大きさを求めなさい。

(2) $\angle y$ の大きさを求めなさい。

1 (3)　∠ACB を 2 通りの x の式で表し，これらが等しいことに着目する。

2 (2)　まず，$\overset{\frown}{AB}$ に対する円周角を求め，円周角と弧の定理を利用する。

2節 円周角の定理の利用

テストに出る! 教科書のココが要点

さらっとまとめ (赤シートを使って，□に入るものを考えよう。)

1 円の接線 教 p.178～p.179

・図1のように，円O外の点Aから円Oに接線をひくには，まず線分[AO]を直径とする円O′をかき，円Oとの2つの交点と点Aとを直線で結ぶ。

・円外の1点から，その円にひいた2つの接線の長さは[等しい]。
つまり，図1で，AP＝[AP′]

・接点を通る半径と接線は[垂直]である。つまり，図1で，[OP]⊥AP

図1

2 円と相似 教 p.180～p.181

・円周角の定理を利用したり，図形の性質に着目して等しい角をみつけ，相似な三角形をみつける。

・図2，図3において，PA：PC＝PD：PB が成り立つ。

図2

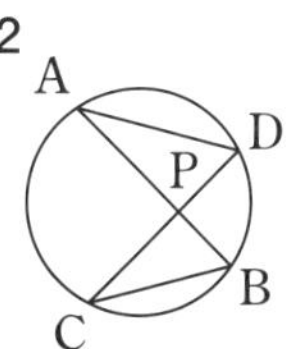

図3

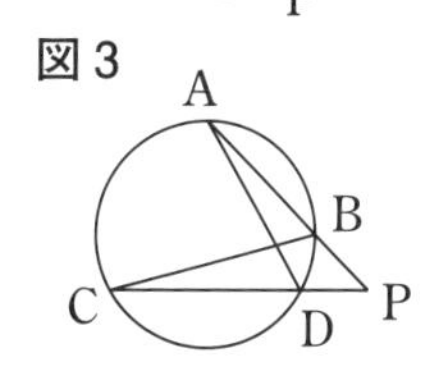

スピード確認 (□に入るものを答えよう。答えは，下にあります。)

1

□ 図1で，AP＝5 cm のとき，
AP′＝[①] cm となる。

□ 図1で，∠APO＝[②]＝90° である。
このことから，2点P，P′は線分[③]を直径とする円の周上にあることがわかる。

図1

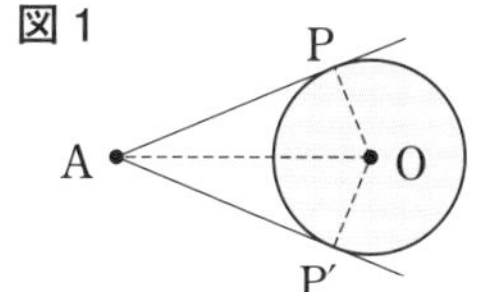

2

□ 図2の△APD と△CPB において，
$\overset{\frown}{AC}$ に対する円周角は等しいから，
∠ADP＝[④] ……㋐
$\overset{\frown}{BD}$ に対する円周角は等しいから，
∠DAP＝[⑤] ……㋑
㋐，㋑より，[⑥]がそれぞれ等しいから，
△APD[⑦]△CPB となる。
対応する辺の比は等しいので，PA：[⑧]＝[⑨]：PB が成り立つ。

図2

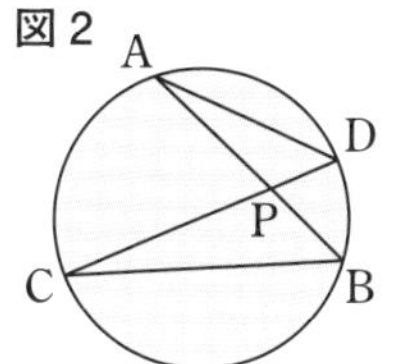

①
②
③
④
⑤
⑥
⑦
⑧
⑨

答 ①5 ②∠AP′O ③AO ④∠CBP ⑤∠BCP ⑥2組の角 ⑦∽ ⑧，⑨PC，PD

解答 p.12

基礎力UP テスト対策問題

1 円の接線　右の図において，次の(1)～(3)を作図しなさい。

(1) 線分 AO の垂直二等分線と線分 AO との交点 O′

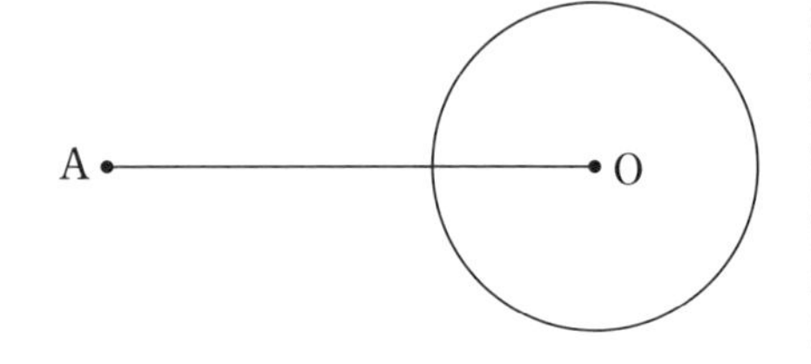

(2) 点 O′ を中心とし，AO′ を半径とする円 O′

(3) 点Aから円Oにひいた接線

2 円の接線　右の図で，直線 AP，AP′ はともに円Oの接線です。このとき，AP＝AP′ が成り立つことを証明しなさい。

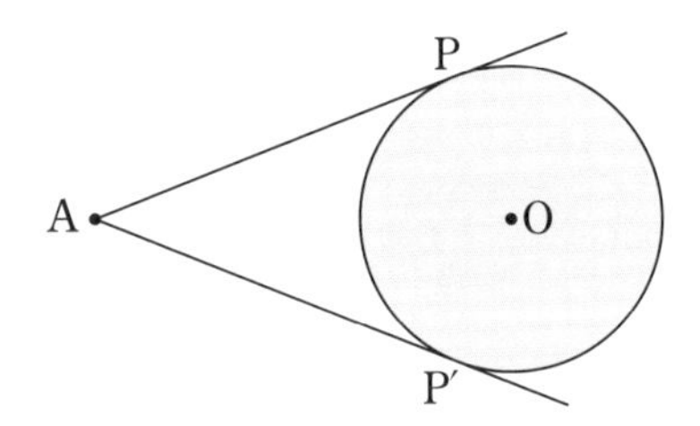

3 円と相似　右の図のように，2つの弦 AB，CD の交点をPとします。

(1) △ACP∽△DBP となることを証明しなさい。

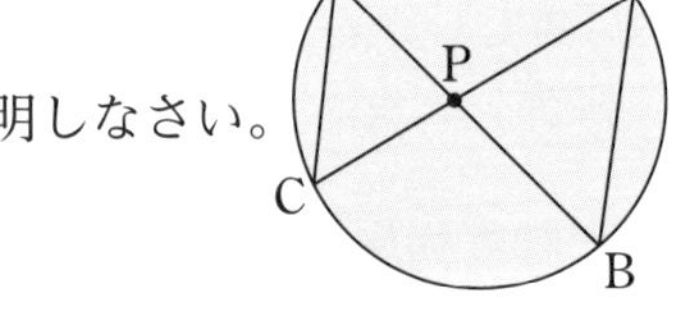

(2) PA＝10 cm，PB＝14 cm，PC＝11 cm のとき，PD の長さを求めなさい。

テスト対策ナビ

思い出そう！

垂直二等分線の作図

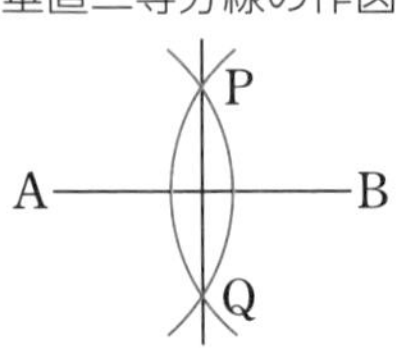

①A，B を中心とし，等しい半径の円をそれぞれかく。
②①でかいた 2 つの円の交点を P，Q とし，直線 PQ をひく。

絶対に覚える！

円外の 1 点から，その円にひいた 2 つの接線の長さは等しい。このことは，証明だけでなく，いろいろな問題で利用されるので覚えておこう。

ポイント

円が関係する相似の証明では，「2 組の角がそれぞれ等しい」が使われる場合が多い。

テストに出る！

予想問題

6章［円］円の性質を見つけて証明しよう

2節 円周角の定理の利用

20分　/5問中

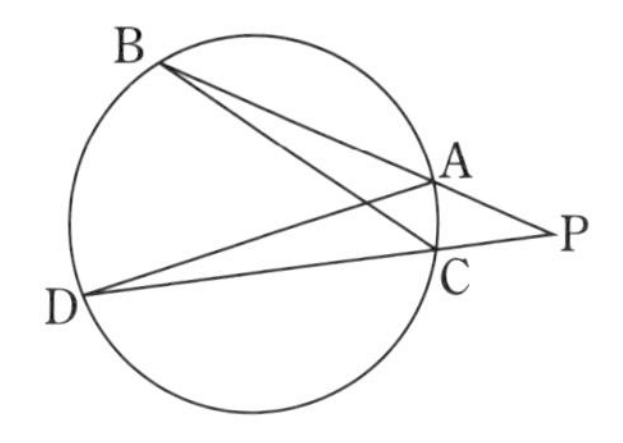

1 よく出る　円と相似　右の図について，次の問に答えなさい。

(1) △PAD∽△PCB となることを証明しなさい。

(2) PA：PD＝PC：PB という関係が成り立つことを証明しなさい。

(3) PA＝6 cm，PB＝20 cm，PC＝5 cm のとき，CD の長さを求めなさい。

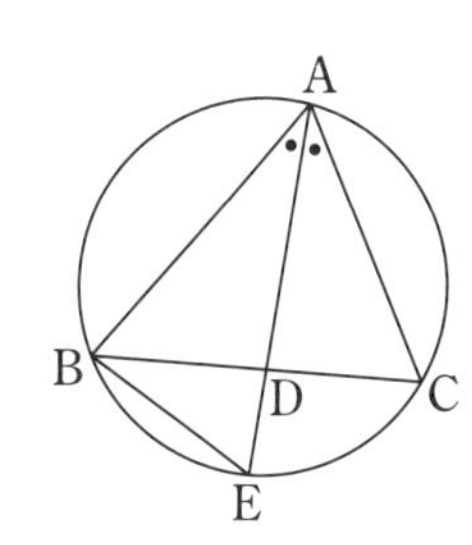

2 円と相似　右の図で，A，B，C は円周上の点です。∠BAC の二等分線をひき，弦 BC および円との交点をそれぞれ D，E とします。このとき，△ABE∽△BDE となります。このことを証明しなさい。

3 円周角の定理を利用した作図　右の図で，線分 AC より上にあって，∠APB＝30°，∠BPC＝45° となる点 P を作図によって求めなさい。

A　B　C

1 (3)　まず PD の長さを求める。(2)の結果を使って比例式をつくる。
3 中心角は円周角の 2 倍であることを利用して，作図する。

テストに出る！

章末予想問題　6章 ［円］円の性質を見つけて証明しよう

30分　/100点

1 下の図で，$\angle x$ の大きさを求めなさい。　5点×6〔30点〕

(1)
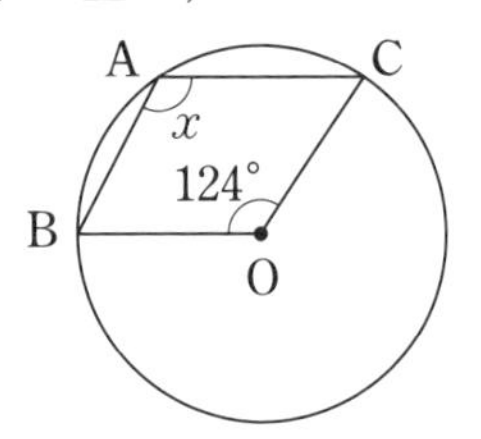

(2)
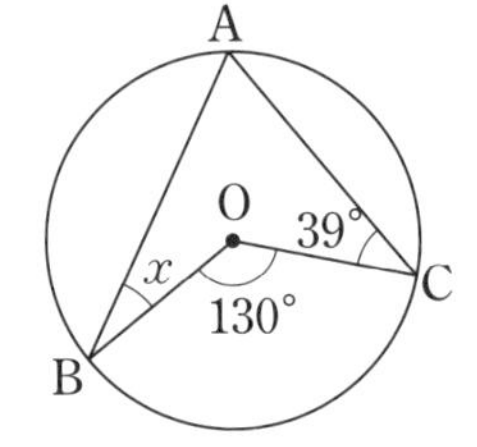

(3)
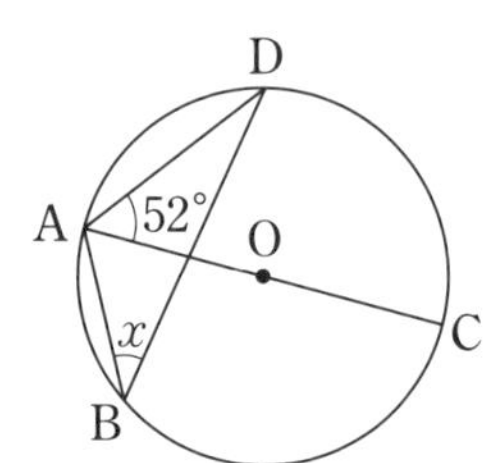

(4)
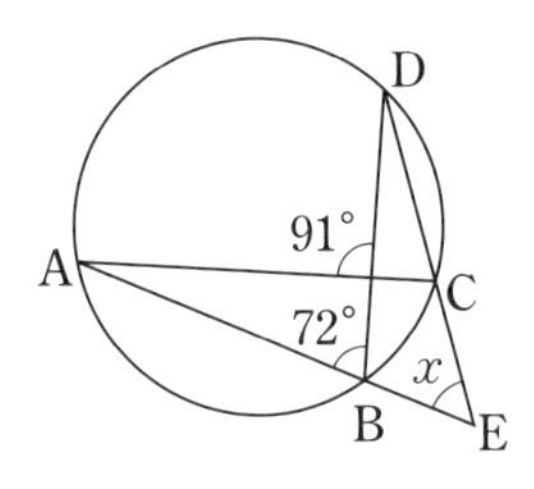

(5)
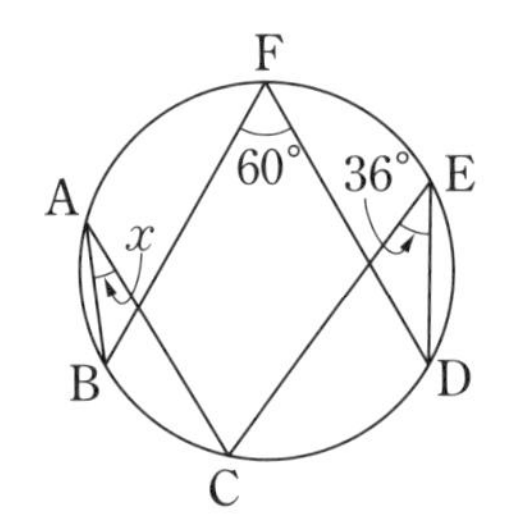

(6)
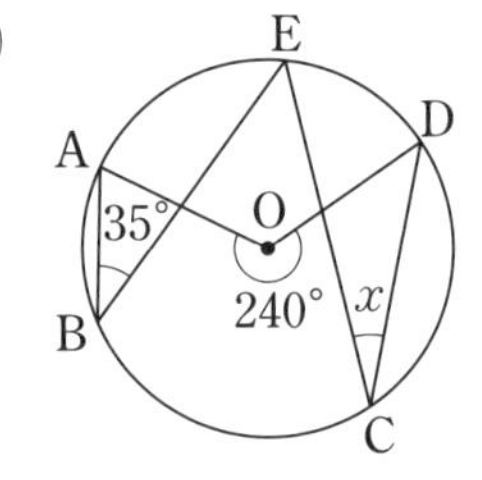

2 下の図で，$\angle x$，$\angle y$ の大きさをそれぞれ求めなさい。　10点×2〔20点〕

(1)
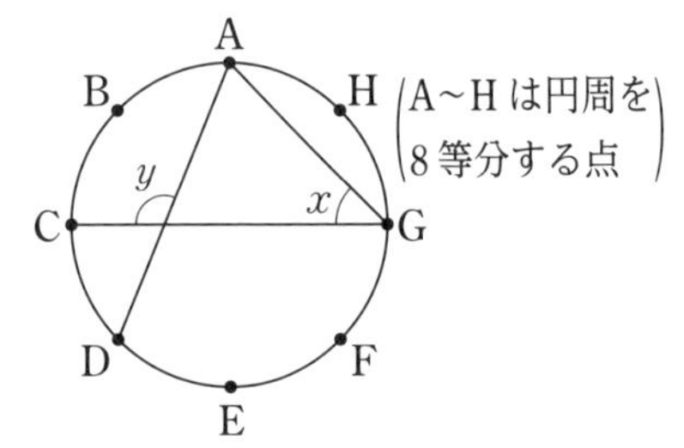

(2)
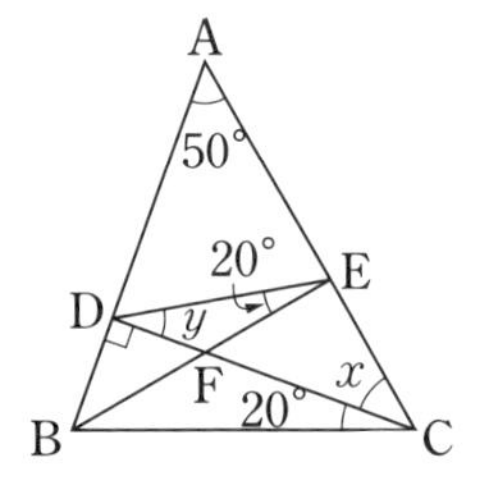

3 右の図の平行四辺形ABCDを，対角線BDを折り目として折り，点Cが移動した点をPとします。このとき，$\angle$ABP$=\angle$ADP となります。「1つの弧に対する円周角の大きさは一定である」ことを使って，このことを証明しなさい。　〔10点〕

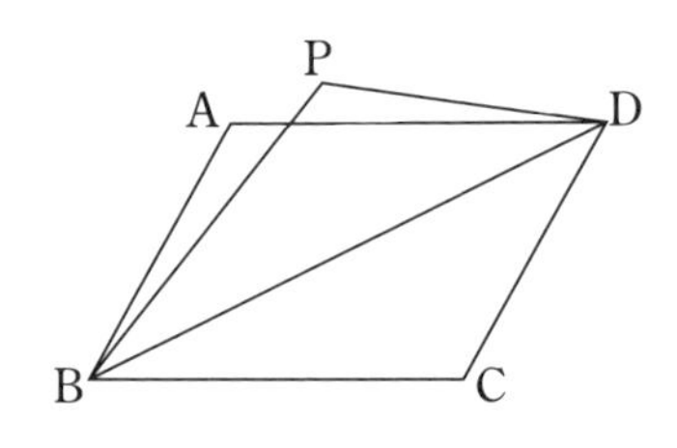

4 右の図の△ABCは，AB$=$AC の二等辺三角形で，周の長さは 56 cm です。また，3つの辺が円Oに点P，Q，Rで接しています。　6点×2〔12点〕

(1) AP$=$16 cm のとき，辺BCの長さを求めなさい。

(2) AP：BP$=$3：2 のとき，線分APの長さを求めなさい。

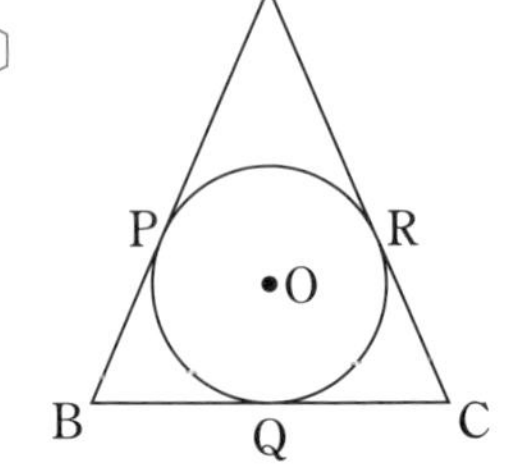

解答 p.13

満点ゲット作戦

円周角の定理や等しい弧，半円の弧に対する円周角に注目しよう。
三角形の相似の証明問題では，等しい 2 組の角に着目しよう。

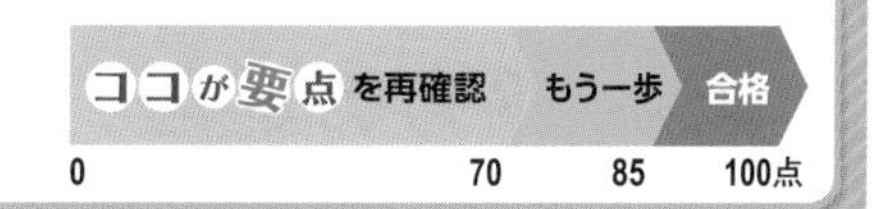

5 下の図で，x の値を求めなさい。　　7 点×2〔14 点〕

(1)

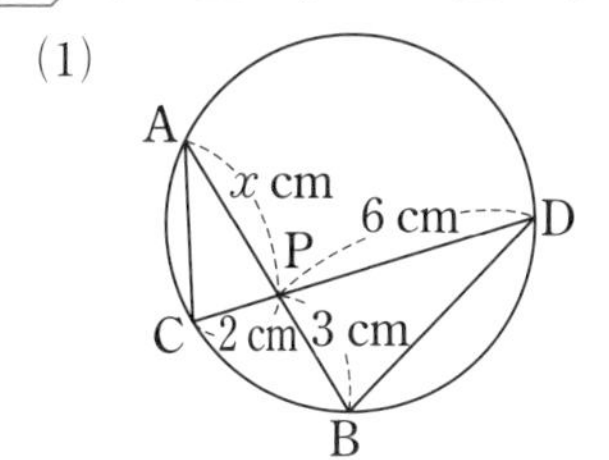

(2)

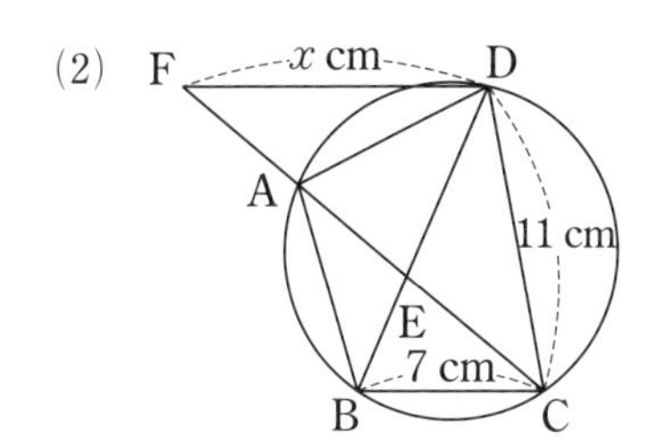

$(\overset{\frown}{AB}=\overset{\frown}{AD},\ BC /\!/ FD)$

6 差がつく　右の図で，A，B，C，D は円の周上の点で AB＝AC です。AD と BC の延長の交点を E とします。　　7 点×2〔14 点〕

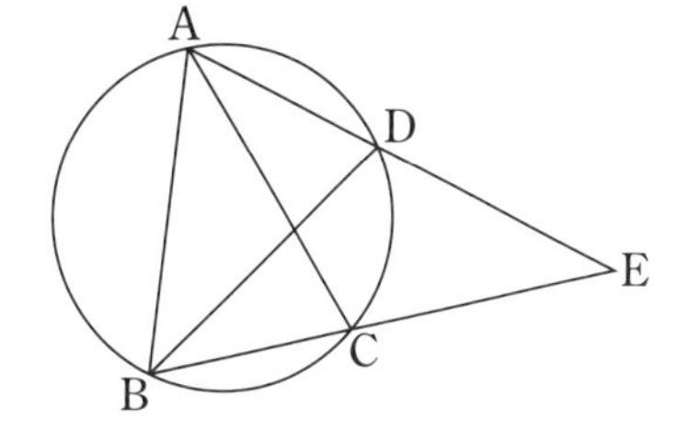

(1) △ADB∽△ABE となることを証明しなさい。

(2) AD＝4 cm，AE＝9 cm のとき，AB の長さを求めなさい。

1	(1)	(2)	(3)
	(4)	(5)	(6)
2	(1) ∠x＝　　∠y＝	(2) ∠x＝　　∠y＝	
3			
4	(1)	(2)	
5	(1)	(2)	
6	(1)		
		(2)	

1	2	3	4	5	6
/30点	/20点	/10点	/12点	/14点	/14点

1節 三平方の定理

テストに出る！ 教科書のココが要点

さらっとまとめ（赤シートを使って，□に入るものを考えよう。）

1 三平方の定理 教 p.188～p.189

・直角三角形の直角をはさむ 2 辺の長さを a，b，斜辺の長さを c とすると，$a^2+b^2=$ $\boxed{c^2}$ ……①

・上の①は，$BC^2+CA^2=$ $\boxed{AB^2}$ のように書くこともある。

注 三平方の定理は，ギリシャの数学者ピタゴラスにちなんで，「ピタゴラスの定理」ともよばれる。

2 三平方の定理の逆 教 p.190～p.191

・三角形の 3 辺の長さ a，b，c の間に $a^2+b^2=c^2$ という関係が成り立てば，その三角形は，長さ $\boxed{c}$ の辺を斜辺とする $\boxed{直角}$ 三角形である。

スピード確認（□に入るものを答えよう。答えは，下にあります。）

1

□ 図 1 の直角三角形で，$a=3$，$b=2$ ならば，$3^2+2^2=c^2$

$c^2=$ $\boxed{①}$

$c>0$ であるから，$c=$ $\boxed{②}$

図 1

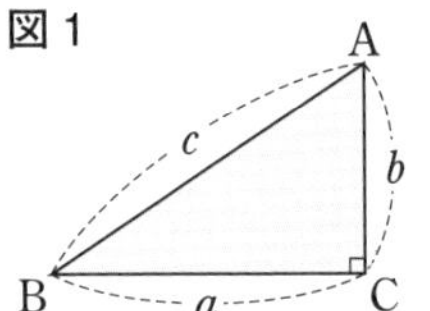

□ 図 2 の直角三角形で，$b=5$，$c=11$ ならば，$a^2+5^2=11^2$

$a^2=$ $\boxed{③}$

$a>0$ であるから，$a=$ $\boxed{④}$

図 2

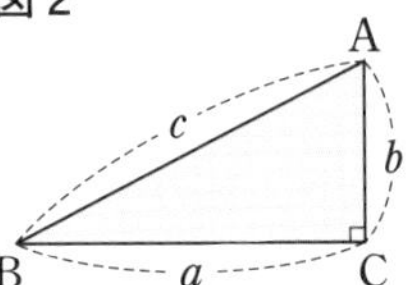

□ 図 3 の直角三角形で，$a^2+b^2=c^2$ が成り立つから，$c^2=a^2+b^2$

$c>0$ であるから，$c=\sqrt{a^2+b^2}$

同様にして，$a^2=c^2-b^2$，$b^2=c^2-a^2$

より，$a=$ $\boxed{⑤}$，$b=$ $\boxed{⑥}$

図 3

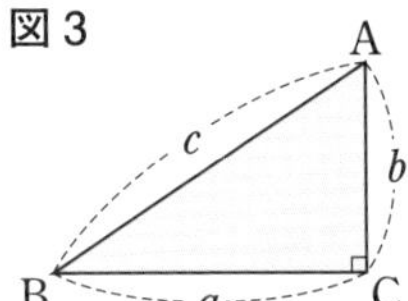

2

□ 図 4 の三角形で，$a=12$，$b=9$，$c=15$ ならば，$a^2+b^2=12^2+9^2=$ $\boxed{⑦}$，$c^2=15^2=$ $\boxed{⑧}$ より，$a^2+b^2=$ $\boxed{⑨}$ が成り立つから，△ABC は $\boxed{⑩}$ 三角形である。

図 4

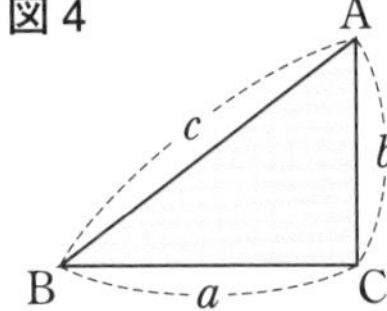

① ______
② ______
③ ______
④ ______
⑤ ______
⑥ ______
⑦ ______
⑧ ______
⑨ ______
⑩ ______

答 ①13 ②$\sqrt{13}$ ③96 ④$4\sqrt{6}$ ⑤$\sqrt{c^2-b^2}$ ⑥$\sqrt{c^2-a^2}$ ⑦225 ⑧225 ⑨c^2 ⑩直角

解答 p.14

基礎力UP テスト対策問題

1 三平方の定理　下の図の直角三角形で，x の値をそれぞれ求めなさい。

(1)

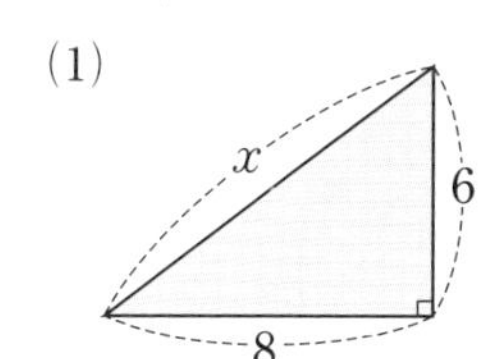

(2)

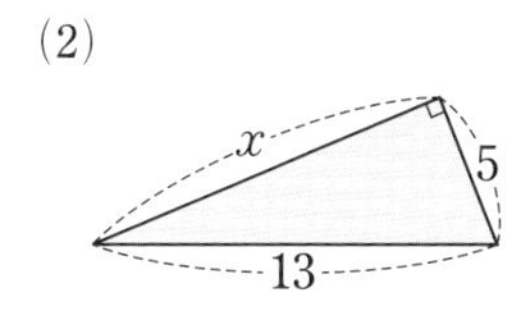

(3)

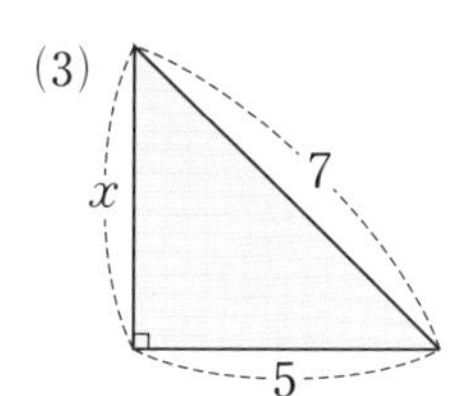

(4)

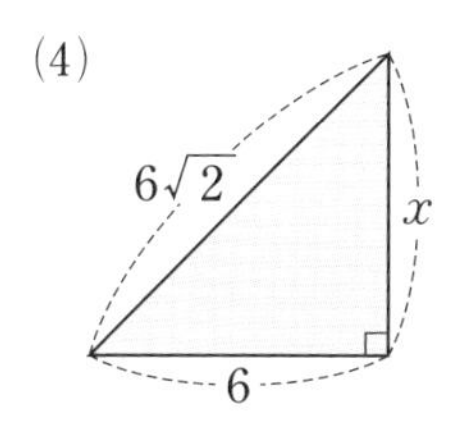

(5)

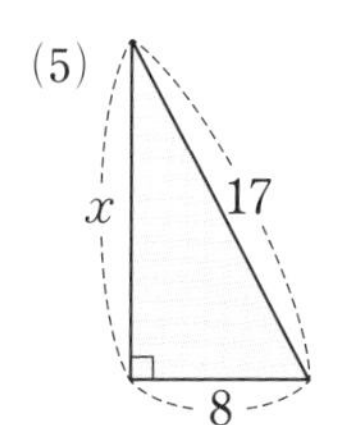

(6)

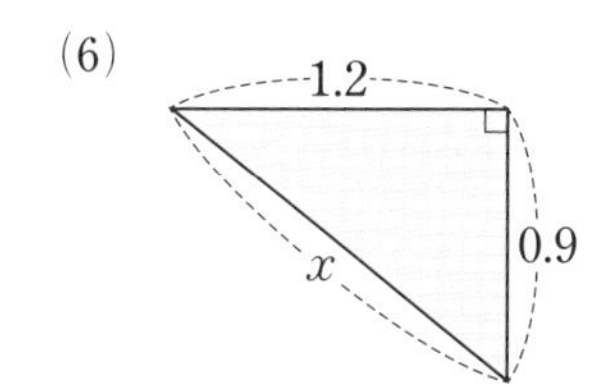

2 三平方の定理の逆　次の長さを3辺とする三角形のうち，直角三角形であるものには○，直角三角形でないものには×をつけなさい。

(1)　4 cm，8 cm，9 cm　　(2)　12 cm，16 cm，20 cm

(3)　$\sqrt{3}$ cm，$\sqrt{7}$ cm，$\sqrt{10}$ cm　　(4)　1 cm，2 cm，$\sqrt{3}$ cm

(5)　6 cm，$\sqrt{10}$ cm，$3\sqrt{3}$ cm　　(6)　$3\sqrt{2}$ m，$6\sqrt{2}$ m，$3\sqrt{6}$ m

3 三平方の定理の逆　右の図の △ABC で，∠B＝90° であることを証明しなさい。

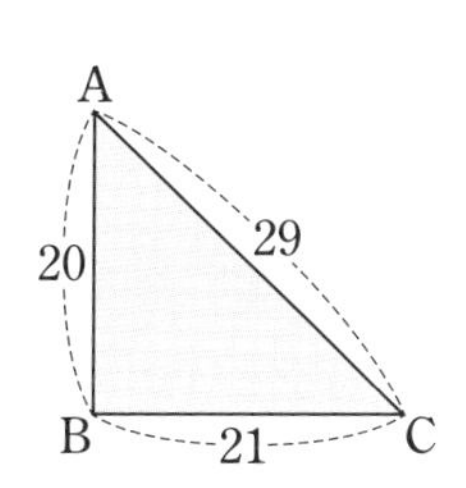

4 三平方の定理の問題　直角三角形で，3つの辺は短い方から 9 cm ずつ長くなっています。3つの辺の長さを求めなさい。

テスト対策ナビ

絶対に覚える！

■下の図の直角三角形において，

$a^2+b^2=c^2$

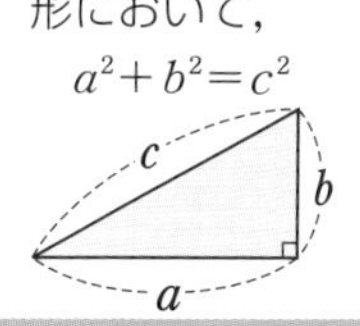

ミス注意！

たとえば，「$x^2=12$ より，$x=\sqrt{12}$」で終わらせてはいけない。

$\sqrt{12}=\sqrt{2^2\times3}=2\sqrt{3}$

のように，$\sqrt{\ }$ の中を最も簡単な数にして答えよう。

絶対に覚える！

■三平方の定理の逆

下の図の三角形で，$a^2+b^2=c^2$ ならば，この三角形は長さ c の辺を斜辺とする直角三角形である。

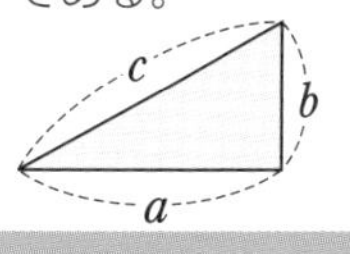

3 △ABC が AC を斜辺とする直角三角形であることが示せればよい。

テストに出る！

予想問題

7章［三平方の定理］三平方の定理を活用しよう

1節 三平方の定理

20分　/11問中

1 よく出る　三平方の定理の証明　$\angle C=90^\circ$ の直角三角形 ABC と合同な直角三角形を並べ，$a^2+b^2=c^2$ であることを証明します。□ にあてはまるものを答えなさい。

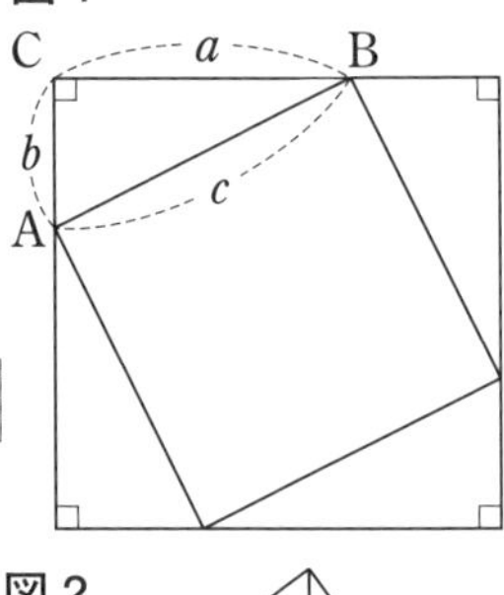

(1) 図 1 のように並べると，内側の正方形の面積は，

(外側の正方形の面積)$-\triangle$ABC$\times 4$

$=$①□$-4\times$②□$=$③□

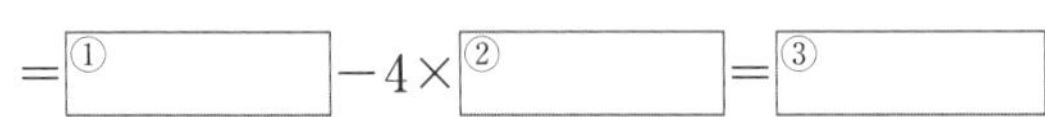

また，内側の正方形の 1 辺は c であるから，その面積は ④□

したがって，$a^2+b^2=c^2$

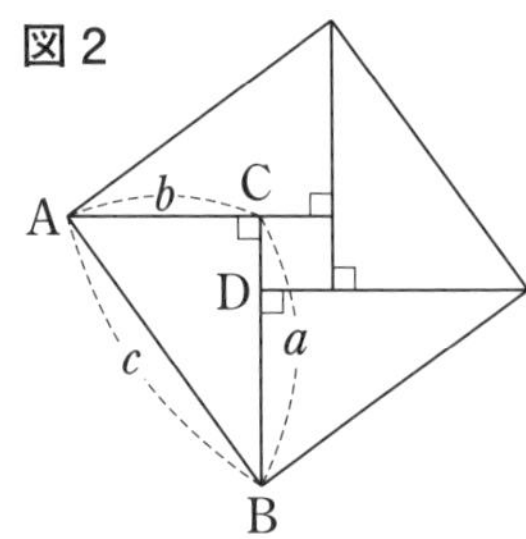

(2) 図 2 のように並べると，内側の正方形の面積は，

(外側の正方形の面積)$-\triangle$ABC$\times 4=$①□$-4\times$②□

$=$③□

また，内側の正方形の 1 辺は $(a-b)$ であるから，

その面積は $(a-b)^2=$④□

③□$=$④□ を整理すると $a^2+b^2=c^2$

2 三平方の定理の逆　右の図の四角形 ABCD について，$\angle$ADC$=90^\circ$ であることを証明しなさい。

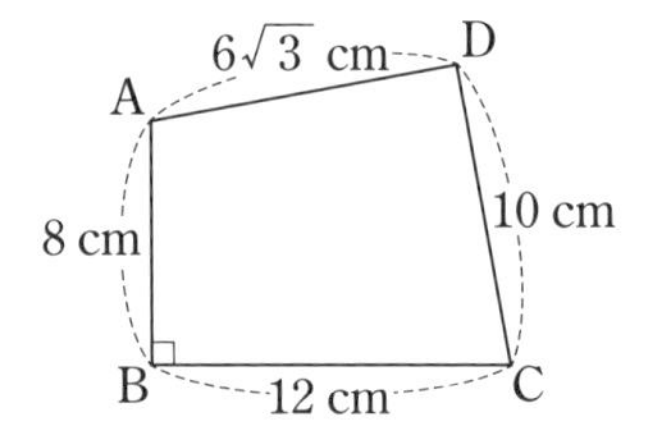

3 三平方の定理の問題　次の問に答えなさい。

(1) 3 辺の長さが x cm，$(x+1)$ cm，$(x+2)$ cm の三角形が直角三角形になるとき，x の値を求めなさい。

(2) $x>4$ のとき，3 辺の長さが $4\sqrt{x}$，$x-4$，$x+4$ である三角形は直角三角形であることを証明しなさい。

2 まず，対角線 AC をひき，$\triangle$ABC で三平方の定理を用いて AC^2 を求める。

2節 三平方の定理の利用

テストに出る! 教科書のココが要点

さらっとまとめ (赤シートを使って，□に入るものを考えよう。)

1 三角形や四角形への利用 教 p.194～p.196

・縦，横の長さがそれぞれ a，b である長方形の対角線の長さは $\boxed{\sqrt{a^2+b^2}}$

・特別な直角三角形の3辺の比は，右の図1，図2のようになる。

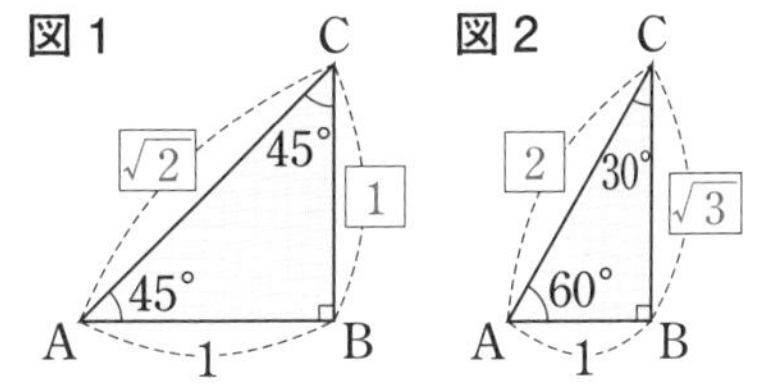

2 2点間の距離 教 p.197

・図3において，2点 A$(a,\ b)$，B$(c,\ d)$ の間の距離は，

$\mathrm{AB}=\sqrt{(a-\boxed{c})^2+(b-\boxed{d})^2}$

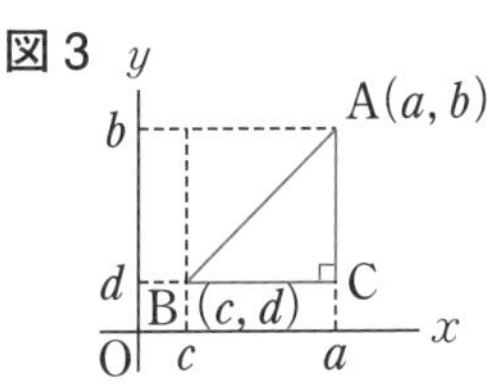

3 円への利用 教 p.198

・円の弦や接線に関する問題では，それぞれ図4で示した直角三角形に着目する。

図4

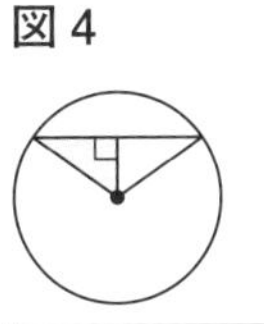

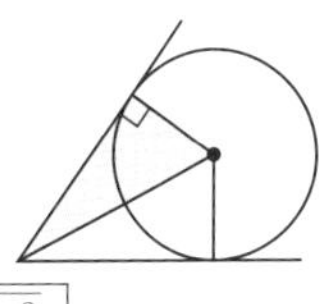

4 空間図形への利用 教 p.199～p.200

・縦，横，高さがそれぞれ a，b，c の直方体の対角線の長さは $\boxed{\sqrt{a^2+b^2+c^2}}$

スピード確認 (□に入るものを答えよう。答えは，下にあります。)

1

□ 縦2 cm，横5 cm の長方形の対角線の長さは ① cm

□ 1辺が4 cm である正方形の対角線の長さは ② cm

□ 図1で，$x=$ ③，$y=$ ④

図1

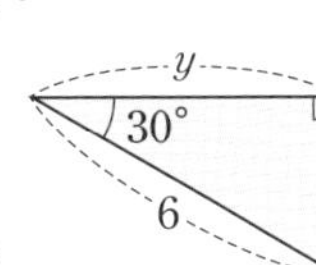

2

□ 2点 (1, −1)，(4, 4) の間の距離は ⑤ である。

3

□ 図2で，△OAH に着目すると，

AH= ⑥ cm より，AB=2AH= ⑦ cm

4

□ 縦3 cm, 横6 cm, 高さ2 cm の直方体の対角線の長さは ⑧ cm

□ 1辺が2 cm である立方体の対角線の長さは ⑨ cm

①
②
③
④
⑤
⑥
⑦
⑧
⑨

答 ①$\sqrt{29}$ ②$4\sqrt{2}$ ③$5\sqrt{2}$ ④$3\sqrt{3}$ ⑤$\sqrt{34}$ ⑥8 ⑦16 ⑧7 ⑨$2\sqrt{3}$

解答 p.14

基礎力UP テスト対策問題

1 四角形への利用　次の図形の対角線の長さを求めなさい。

(1)　縦が 4 cm，横が 8 cm の長方形

(2)　1 辺が 6 cm の正方形

2 三角形への利用　下の図で，x，y の値を求めなさい。

(1)

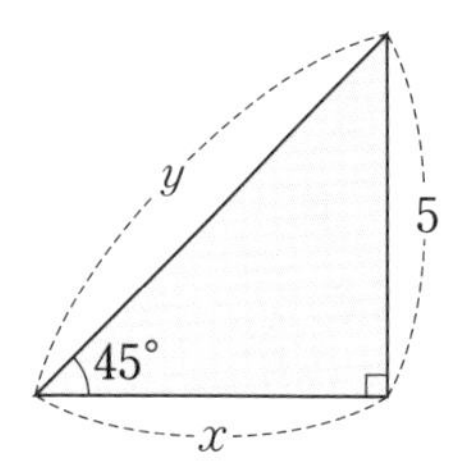

(2)

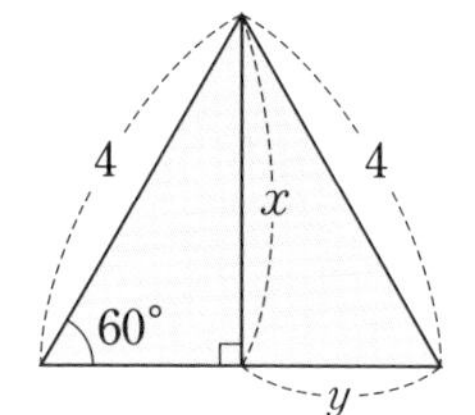

3 2 点間の距離　次の(1)，(2)について，2 点 A，B の間の距離を求めなさい。

(1)　右の図の 2 点 A，B

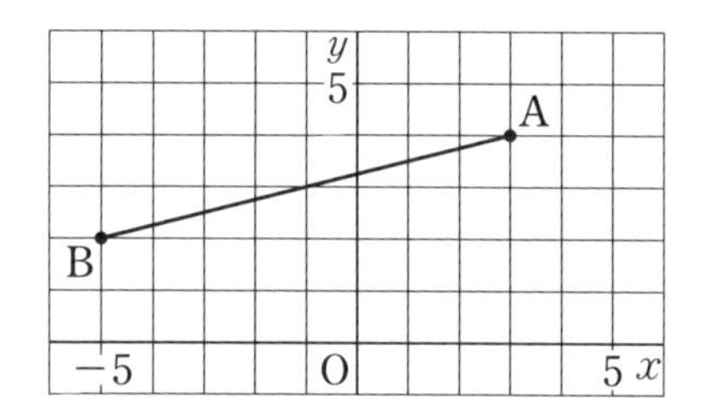

(2)　A(−2，3)，B(3，−4)

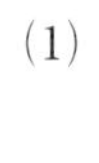

4 円への利用　下の図で，x の値を求めなさい。

(1)

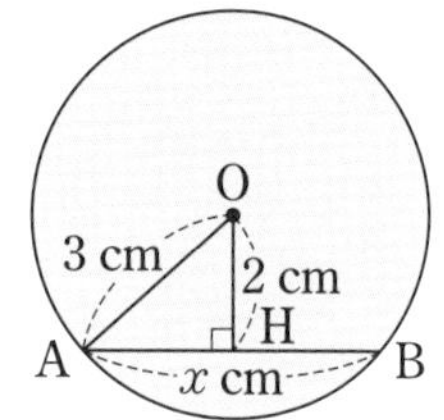

(2)

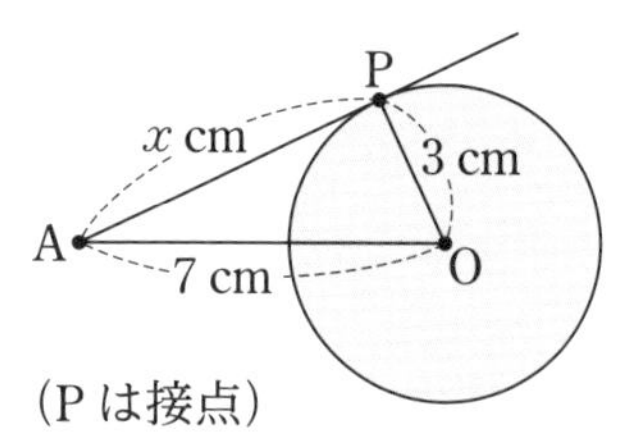

(P は接点)

5 直方体の対角線　下の図の直方体や立方体の対角線 AG の長さを求めなさい。

(1)

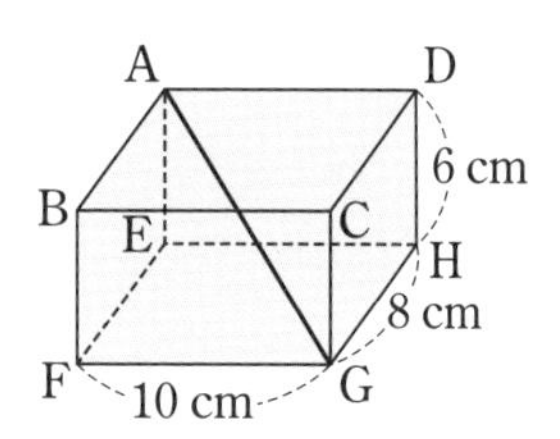

(2)

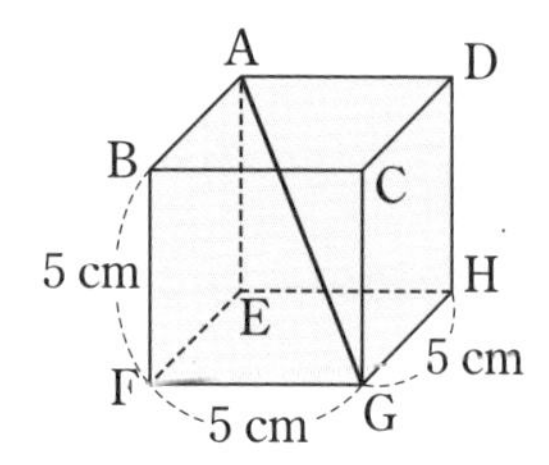

テスト対策ナビ

絶対に覚える!

縦 a，横 b の長方形の対角線の長さは $\sqrt{a^2+b^2}$

絶対に覚える!

■特別な直角三角形の 3 辺の比

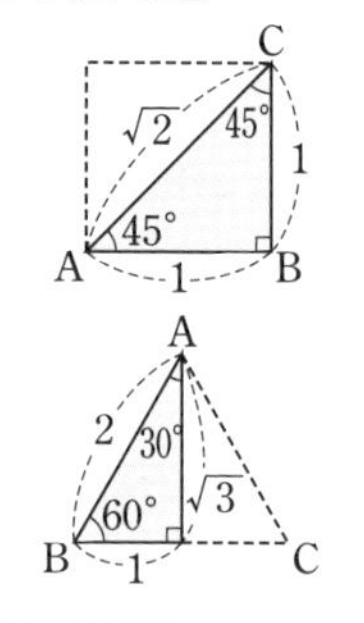

「直角」を見つけたら，三平方の定理の利用を考えよう。

思い出そう!

・円の中心から弦にひいた垂線は弦を 2 等分する。
・円の接線は接点を通る半径に垂直。

絶対に覚える!

縦 a，横 b，高さ c の直方体の対角線の長さは $\sqrt{a^2+b^2+c^2}$

テストに出る！

予想問題

7章［三平方の定理］三平方の定理を活用しよう

2節 三平方の定理の利用

20分　/10問中

1 よく出る 三角形や四角形への利用　次の図形の面積を求めなさい。

(1) 正三角形 ABC　　(2) 二等辺三角形 ABC　　(3) 正方形 ABCD

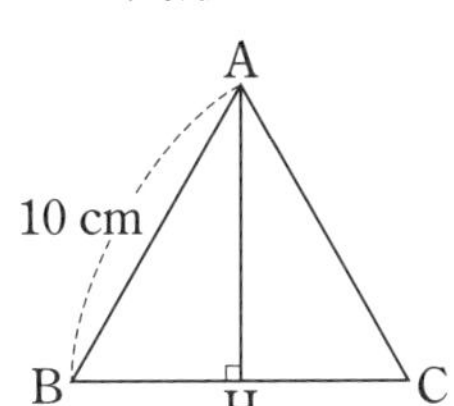

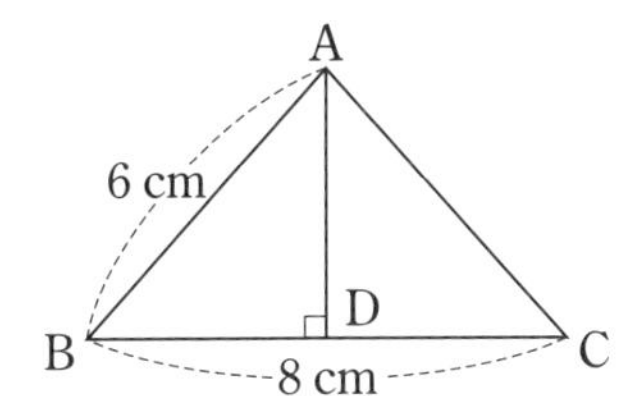

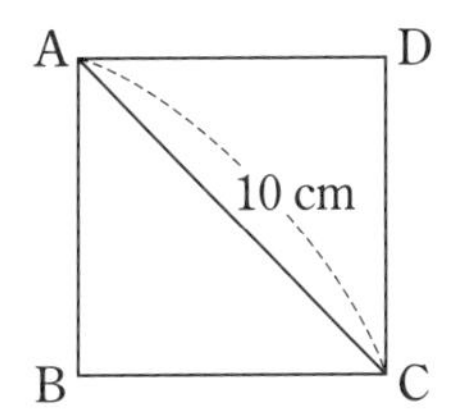

2 立方体への利用　右の図のような1辺が $2\sqrt{3}$ cm の立方体があり，点Mは辺ABの中点です。

(1) 2点C，Eの間の距離を求めなさい。

(2) 2点M，Gの間の距離を求めなさい。

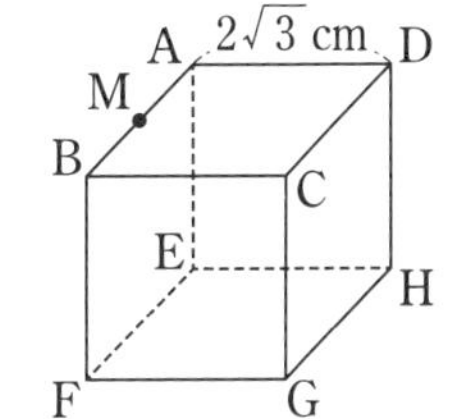

3 円錐への利用　右の図の円錐について，次のものを求めなさい。

(1) 体積　　(2) 表面積

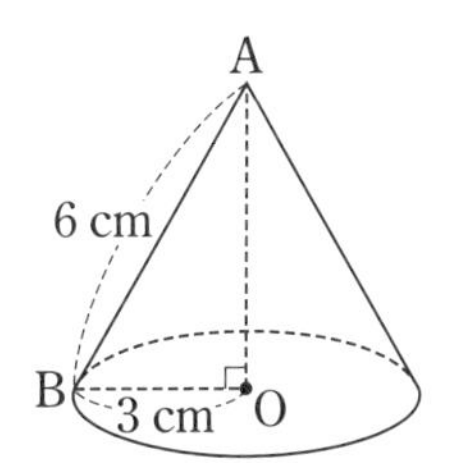

4 角錐への利用　右の図の正四角錐について，次のものを求めなさい。

(1) OHの長さ　　(2) 体積

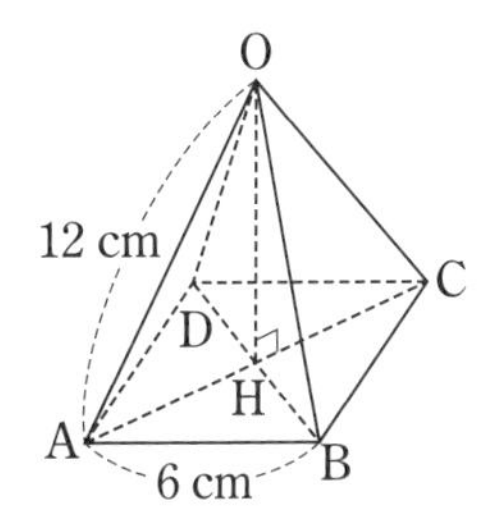

5 いろいろな問題　右の図のように，縦が8 cm，横が10 cmの長方形ABCDの紙を，頂点Bが辺CDの中点Mと重なるように折ります。このとき，BEの長さを求めなさい。

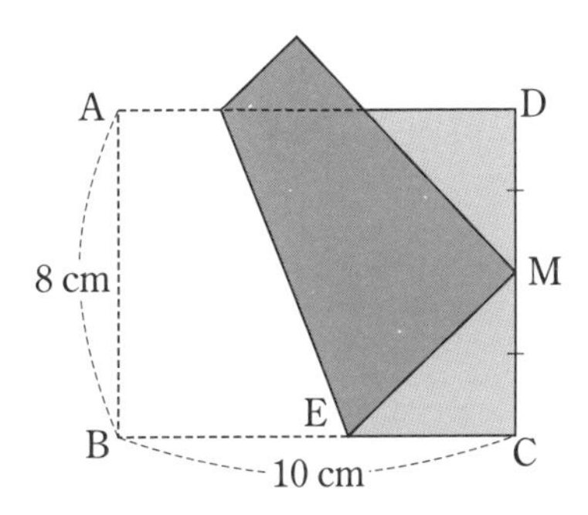

2 (1) 1辺が $2\sqrt{3}$ cm の立方体の対角線である。

4 (1) まずAHを求め，△OAHで三平方の定理を使う。

テストに出る！

章末予想問題

7章 [三平方の定理] 三平方の定理を活用しよう

30分　/100点

1 下の図で，x の値と △ABC の面積を求めなさい。　8点×2〔16点〕

(1)

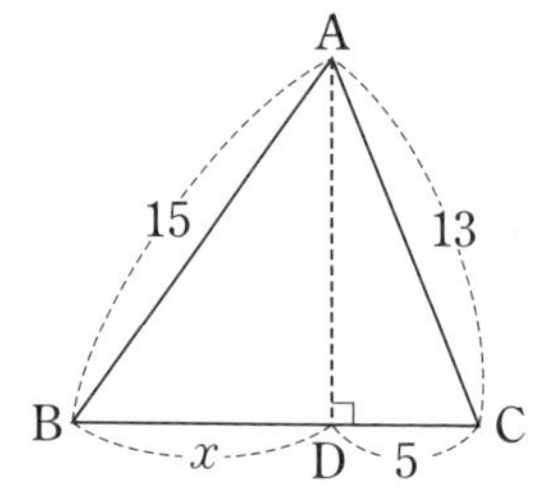

(2)

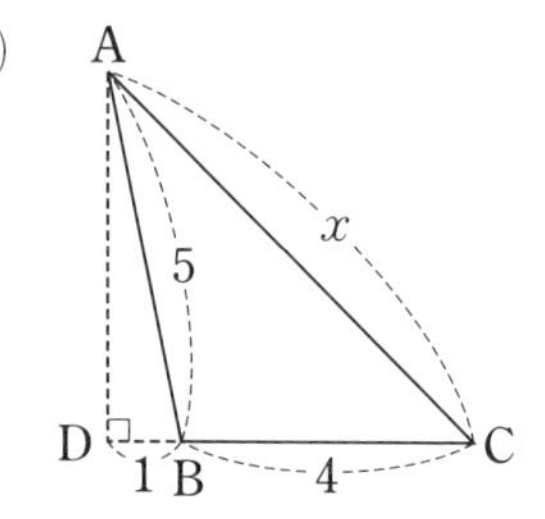

2 右の図で，A，B は関数 $y=-\frac{1}{2}x^2$ のグラフ上の点で，y 座標はそれぞれ -2 と $-\frac{9}{2}$ です。線分 AB の長さを求めなさい。　〔12点〕

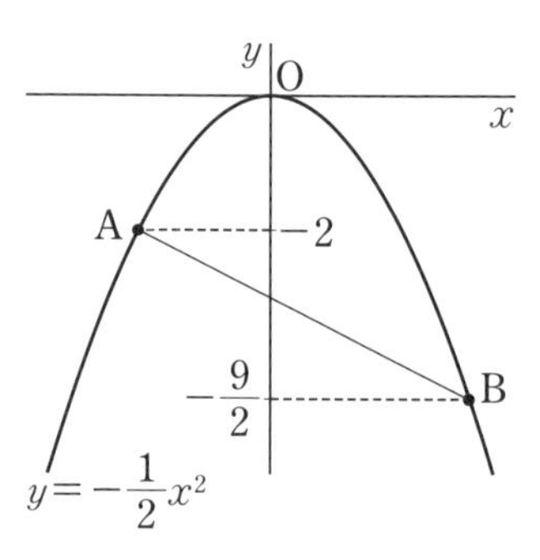

3 次の問に答えなさい。　8点×5〔40点〕

(1) 右の図の直方体について，次の問に答えなさい。

A　D　B　C　6 cm　E　H　F　12 cm　G　6 cm

① 線分 BH の長さを求めなさい。

② △AFC の面積を求めなさい。

③ 点Aから辺 BC を通って点Gまでひもをかけます。
かけるひもの長さがもっとも短くなるときの，ひもの長さを求めなさい。

(2) 右の図は円錐の展開図です。これを組み立ててできる円錐について，次のものを求めなさい。

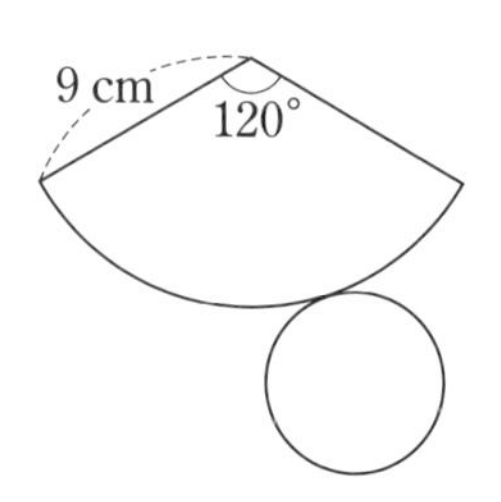

① 底面の半径

② 体積

解答 p.15

満点ゲット作戦

三平方の定理を使えるように，問題の図の中や，立体の側面や断面にある直角三角形に注目しよう。

4 差がつく 右の図のように，縦が 6 cm，横が 9 cm の長方形 ABCD の紙を，対角線 BD を折り目として折ります。点 C が移動した点を E，辺 AD と BE との交点を F として，次の問に答えなさい。 8点×2〔16点〕

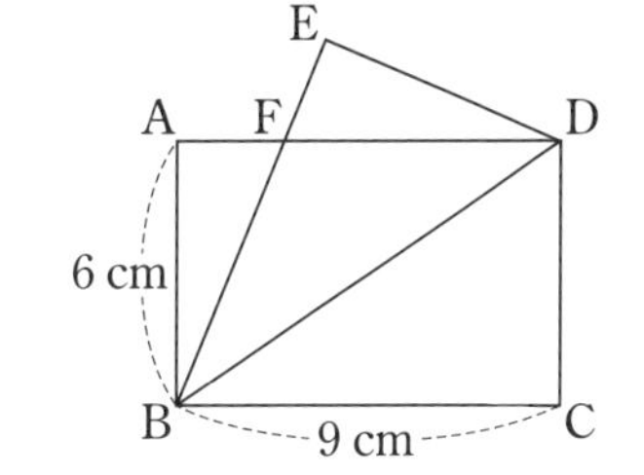

(1) AF の長さを求めなさい。

(2) BF の長さを求めなさい。

5 右の図のように，AB を直径とする半径が 14 cm の半円と，その周上の点 P を通る接線があります。また，A，B を通る直径 AB の垂線と接線との交点をそれぞれ C，D とします。AC＝21 cm のとき，次のものを求めなさい。 8点×2〔16点〕

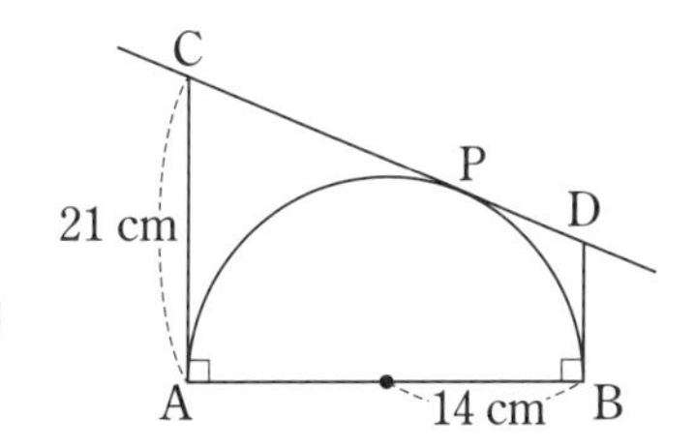

(1) BD の長さ

(2) CD の長さ

1	(1) $x=$ 面積	(2) $x=$ 面積	
2			
3	(1) ①	②	③
	(2) ①	②	
4	(1)	(2)	
5	(1)	(2)	

1	/16点	2	/12点	3	/40点	4	/16点	5	/16点

8章 [標本調査] 集団全体の傾向を推測しよう

1節 標本調査

テストに出る！ 教科書のココが要点

さらっとまとめ (赤シートを使って，□に入るものを考えよう。)

1 標本調査 教 p.212～p.217

・調査の対象となる集団全部について調査することを［全数］調査という。これに対し，集団の一部分を調査して，集団全体の傾向を推測する調査を［標本］調査という。

・全数調査を行うと多くの手間や時間や費用がかかったり，製品をこわすおそれがある場合には，［標本］調査が行われる。

・標本調査を行うとき，傾向を知りたい集団全体を［母集団］という。また，その一部分として取り出して実際に調べたものを［標本］，取り出したデータの個数を標本の［大きさ］という。

・かたよりのないように，母集団から標本を取り出すことを［無作為］に抽出するという。

2 標本調査の利用 教 p.218～p.219

・標本調査の方法や結論について考察するとき，［母集団］と［標本］が適切に設定されているかどうか，母集団からどのように標本を［抽出］しているか，結論が調査の結果にもとづいているか，などを確認する。

スピード確認 (□に入るものを答えよう。答えは，下にあります。)

1

□ ある工場で製造された8000個の食品から無作為に250個を抽出して，品質保持期限の調査を行うことになった。このような調査を［①］調査といい，母集団は，「この工場で製造された［②］個の食品」，標本の大きさは［③］である。

□ 上のような品質保持期限の調査をすべての食品について行うと，売り物になる食品がなくなってしまう。したがって，8000個の食品すべてを対象とする［④］調査を行うことは不可能である。

2

□ 黒球と白球が合わせて3000個入っている箱から100個の球を無作為に抽出したところ，黒球が5個ふくまれていた。このとき，取り出した球の中にふくまれる黒球の割合は，$\frac{5}{100}$=［⑤］である。したがって，箱の中に黒球は，およそ，3000×［⑥］=［⑦］(個) あると考えられる。

①＿＿＿＿
②＿＿＿＿
③＿＿＿＿
④＿＿＿＿
⑤＿＿＿＿
⑥＿＿＿＿
⑦＿＿＿＿

答 ①標本　②8000　③250　④全数　⑤$\frac{1}{20}$(0.05)　⑥$\frac{1}{20}$(0.05)　⑦150

テストに出る！
予想問題　8章［標本調査］集団全体の傾向を推測しよう　1節 標本調査

20分　/11問中

1 よく出る　標本調査　次の調査は，それぞれ全数調査，標本調査のどちらですか。

(1) 学校での体力測定　(2) 野球のテレビ中継の視聴率調査

(3) 電球の耐久検査　(4) ある湖にすむ魚の数の調査

2 標本調査　ある都市の中学生全員から，350 人を無作為に抽出してアンケート調査を行うことになりました。

(1) 母集団は何ですか。　(2) 標本の大きさを答えなさい。

(3) 350 人を無作為に抽出する方法として正しいものを選び，記号で答えなさい。

㋐ テニス部に所属している中学生の中から，くじ引きで 350 人を選ぶ。

㋑ アンケートに答えたい中学生を募集し，先着順で 350 人を選ぶ。

㋒ この都市の中学生全員に番号をつけ，乱数表を用いて 350 人を選ぶ。

3 標本調査の利用　生徒数 320 人のある中学校で，生徒 40 人を無作為に抽出してアンケート調査を行ったところ，毎日 1 時間以上自宅で勉強をしている生徒が 6 人いました。この中学校の生徒全体で毎日 1 時間以上自宅で勉強をしているのは，およそ何人と考えられますか。

4 標本調査の利用　ある池にいる魚の数を調べるために，池の 10 か所に，えさを入れたわなをしかけて魚を 300 匹捕獲し，これらの魚全部に印をつけて池に返します。1 週間後に同じようにして魚を 240 匹捕獲したところ，その中に印のついた魚が 30 匹いました。この池全体の魚の数は，およそ何匹と考えられますか。

5 標本調査の利用　900 ページの辞典に載っている見出しの単語の数を調べるために，10 ページを無作為に抽出し，そこに載っている単語の数を調べると，下のようになりました。

64，62，68，76，59，72，75，82，62，69（語）

(1) 抽出した 10 ページに載っている見出しの単語の数の 1 ページあたりの平均値を求めなさい。

(2) この辞典に載っている見出しの単語の数は，およそ何万何千語と考えられますか。

3 生徒の総数と毎日 1 時間以上自宅で勉強をしている生徒の数の割合を考える。

5 何万何千語と聞かれているので，百の位を四捨五入する。

テストに出る！

章末予想問題　8章 [標本調査] 集団全体の傾向を推測しよう

15分　/100点

1 ある学校の生徒全員から，20人を無作為に抽出して，勉強に対する意識調査を行うことになりました。20人を無作為に抽出する方法として正しいものを選び，記号で答えなさい。

〔25点〕

㋐ 期末テストの点数が平均点に近い人から20人を選ぶ。

㋑ 20本の当たりが入ったくじを生徒全員にひいてもらって20人を選ぶ。

㋒ 女子の中からじゃんけんで20人を選ぶ。

2 箱の中に，赤，緑，青，白の4色のチップが合わせて600枚入っています。この箱の中から無作為に60枚を抽出し，それぞれの枚数を数えて箱の中にもどします。右の表は，これを3回行ったときの結果をまとめたものです。

25点×2〔50点〕

	1回目	2回目	3回目
赤	12	4	14
緑	16	20	9
青	13	12	20
白	19	24	17

(1) 4色のチップの枚数の平均値をそれぞれ求めなさい。

(2) 箱の中に4色のチップはそれぞれおよそ何枚あると考えられますか。

3 差がつく　袋の中に黒い碁石だけがたくさん入っています。同じ大きさの白い碁石60個をこの袋の中に入れ，よくかき混ぜた後，その中から40個の碁石を無作為に抽出して調べたら，白い碁石が15個ふくまれていました。はじめに袋の中に入っていた黒い碁石の個数は，およそ何個と考えられますか。

〔25点〕

1	
2	(1) 赤　緑　青　白
	(2) 赤　緑　青　白
3	

1	/25点	2	/50点	3	/25点

中間・期末の攻略本

取りはずして使えます!

解答と解説

東京書籍版　数学3年

1章　文字式を使って説明しよう

p.3 テスト対策問題

1 (1) $8a^2+6ab$　(2) $2x-3$
(3) $5x^2-14x$　(4) $25x^2-5y$

2 (1) $ab+2a-b-2$　(2) $x^2-8x+15$
(3) $2x^2+x-6$　(4) $3a^2-11a-42$
(5) $a^2-3ab+6a-12b+8$
(6) $x^2+2xy-5x-4y+6$

3 (1) $x^2+7x+10$　(2) $x^2-2x-24$
(3) $x^2+8x+16$　(4) $a^2-\frac{1}{2}a+\frac{1}{16}$
(5) x^2-64　(6) $4x^2+4x-15$
(7) $a^2+2ab+b^2-4a-4b-12$
(8) $x^2-11x+38$

解説

2 (5) $(a+4)(a-3b+2)$
$=a(a-3b+2)+4(a-3b+2)$
$=a^2-3ab+2a+4a-12b+8$
$=a^2-3ab+6a-12b+8$

3 (6) $(2x-3)(2x+5)$
$=(2x)^2+\{(-3)+5\}\times 2x-3\times 5$
$=4x^2+4x-15$
(7) $a+b$ を X とおくと，$(a+b-6)(a+b+2)$
$=(X-6)(X+2)=X^2-4X-12$
X を $a+b$ にもどすと，$(a+b)^2-4(a+b)-12$
$=a^2+2ab+b^2-4a-4b-12$

p.4 予想問題

1 (1) $-20x^2+8xy$　(2) $4xy+12y$
(3) $9x^2+2x$　(4) $11a^2-24a$

2 (1) $ab-6a+2b-12$
(2) $ac+ad-bc-bd$
(3) $6xy-10x-9y+15$
(4) $2a^2-7ab+3b^2+4a-2b$

3 (1) $x^2+7x+12$　(2) $x^2-1.4x+0.45$
(3) $x^2-16x+64$　(4) $x^2-\frac{1}{25}$

4 (1) $9x^2+6x-8$
(2) $4x^2+20xy+25y^2$
(3) $x^2-2xy+y^2-9x+9y+20$
(4) $-13y^2+8xy$

解説

1 (2) $(3x^2y+9xy)\div\frac{3}{4}x$
$=3x^2y\times\frac{4}{3x}+9xy\times\frac{4}{3x}=4xy+12y$

2 (4) $(a-3b+2)(2a-b)$
$=(a-3b+2)\times 2a+(a-3b+2)\times(-b)$
$=2a^2-6ab+4a-ab+3b^2-2b$
$=2a^2-7ab+3b^2+4a-2b$

4 (3) $x-y$ を X とおくと，$(x-y-4)(x-y-5)$
$=(X-4)(X-5)=X^2-9X+20$
X を $x-y$ にもどすと，$(x-y)^2-9(x-y)+20$
$=x^2-2xy+y^2-9x+9y+20$
(4) $(2x-3y)(2x+3y)-4(x-y)^2$
$=(2x)^2-(3y)^2-4(x^2-2xy+y^2)$
$=4x^2-9y^2-4x^2+8xy-4y^2$
$=-13y^2+8xy$

p.6 テスト対策問題

1 (1) $x(x-4y)$　(2) $2a(2b-3c)$

2 (1) $(x-1)(x-4)$　(2) $(a+2)(a-4)$
(3) $(x-4)^2$　(4) $(a+6)(a-6)$

3 (1) $2(x+3)(x-4)$　(2) $(2x-3)^2$
(3) $(a-b+3)(a-b-9)$　(4) $(x+2)^2$

4 (1) 1600　(2) 10609

5 道の面積 S m^2 は，
$S=(x+2z)(y+2z)-xy$

$=xy+2xz+2yz+4z^2-xy$

$=2xz+2yz+4z^2=z(2x+2y+4z)$ …①

また，道の真ん中を通る線の長さ ℓ m は，

$\ell=2x+2y+4z$ …②

①，②**より，** $S=z\ell$

解説

3 (1) はじめに共通な因数をくくり出す。

$2x^2-2x-24=2(x^2-x-12)$

$=2(x+3)(x-4)$

(2) $4x^2-12x+9=(2x)^2-2\times3\times2x+3^2$

$=(2x-3)^2$

(3) $a-b$ を X とおくと，$(a-b)^2-6(a-b)-27$

$=X^2-6X-27=(X+3)(X-9)$

X を $a-b$ にもどすと，$(a-b+3)(a-b-9)$

4 (1) $58^2-42^2=(58+42)\times(58-42)$

$=100\times16=1600$

(2) $103^2=(100+3)^2=100^2+2\times3\times100+3^2$

$=10000+600+9=10609$

5 道の端から端までの縦の長さは $(x+2z)$ m，横の長さは $(y+2z)$ m。

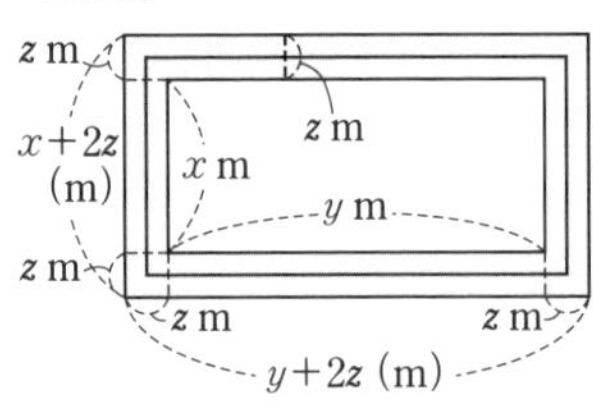

道の真ん中を通る線の縦の長さは $(x+z)$ m，横の長さは $(y+z)$ m，だから，$\ell=2(x+z)+2(y+z)=2x+2y+4z$

p.7 予想問題

1 (1) $3b(a+2c)$　(2) $a(x-2y+4z)$

2 (1) $(x-3)(x-6)$　(2) $(a-2)(a+4)$

(3) $(x+7)^2$　(4) $(x+6)(x-8)$

(5) $(a-6)^2$　(6) $(5+y)(5-y)$

3 (1) $3(x-2)(x+6)$　(2) $(3a+7b)(3a-7b)$

(3) $(x-y-3)(x-y+6)$

(4) $(5x-1)(x+9)$

4 (1) 320　(2) 39204

5 2 つの続いた整数の小さい数を n とすると大きい数は $n+1$ と表される。

大きい数の平方から小さい数の平方をひいた差は， $(n+1)^2-n^2=n^2+2n+1-n^2$

$=2n+1=(n+1)+n$

したがって，はじめの 2 つの数の和に等しくなる。

解説

3 (1) はじめに共通な因数をくくり出す。

$3x^2+12x-36=3(x^2+4x-12)$

$=3(x-2)(x+6)$

(2) $9a^2-49b^2=(3a)^2-(7b)^2$

$=(3a+7b)(3a-7b)$

(3) $x-y$ を A とおくと，$(x-y)^2+3(x-y)-18$

$=A^2+3A-18=(A-3)(A+6)$

A を $x-y$ にもどすと，$(x-y-3)(x-y+6)$

4 (1) $42^2-38^2=(42+38)\times(42-38)$

$=80\times4=320$

(2) $198^2=(200-2)^2$

$=200^2-2\times2\times200+2^2$

$=40000-800+4=39204$

p.8～p.9 章末予想問題

1 (1) $2xy-4y^2+6yz$

(2) $-25a+15b-20$

2 (1) $xy-7x-4y+28$

(2) $a^2+ab+2a+4b-8$

(3) $x^2+10x+9$　(4) $x^2+2xy+y^2$

(5) $9-x^2$　(6) $16m^2-24mn+9n^2$

3 (1) $3x+11$　(2) $-a^2-20a+98$

4 (1) $(x+3)(x+7)$　(2) $(a+1)^2$

(3) $(x+13)(x-13)$　(4) $(x+3y)(x-3y)$

(5) $(x+4y)^2$　(6) $\left(2m+\frac{1}{5}n\right)\left(2m-\frac{1}{5}n\right)$

(7) $6a(x+2)(x-6)$　(8) $(3x-1)(x-1)$

5 (1) ① 0.56　② -601

(2) ① 60　② 1

6 **差が 3 である 3 つの連続する自然数を，** $n-3$，n，$n+3$ **(**n **は 4 以上の自然数) と表すと，**

$(n+3)^2-(n-3)^2$

$=(n^2+6n+9)-(n^2-6n+9)$

$=12n$

となり，もっとも大きい数の 2 乗からもっとも小さい数の 2 乗をひくと，中央の数の 12 倍になる。

解説

5 (1) ① $0.78^2-0.22^2$

$=(0.78+0.22)\times(0.78-0.22)=1\times0.56=0.56$

② $300=a$ とおくと，$301\times299-300\times302$

$=(a+1)(a-1)-a(a+2)=a^2-1-a^2-2a$

$=-2a-1=-2\times300-1=-601$

(2) ① $a^2+8a+12=(a+2)(a+6)$

$=(-12+2)\times(-12+6)=-10\times(-6)=60$

② $x^2-2xy+y^2=(x-y)^2$

$=\{0.7-(-0.3)\}^2=1^2=1$

6 差が3である3つの連続する自然数を，自然数nを使って，n，$n+3$，$n+6$のように表してもよい。

2章　数の世界をさらにひろげよう

p.11 テスト対策問題

1 (1) ① ±8　② ±0.3　③ $\pm\frac{4}{7}$

(2) ① $\pm\sqrt{7}$　② $\pm\sqrt{0.2}$　③ $\pm\sqrt{\frac{5}{11}}$

(3) ① 7　② -4

(4) ① 11　② -81

2 (1) $\sqrt{15}<4$　(2) $-\sqrt{21}>-\sqrt{23}$

(3) $-0.6>-\sqrt{0.6}$　(4) $0.8<\sqrt{0.7}<\sqrt{1.1}$

3 (1) $\sqrt{7}$　(2) $\frac{7}{8}$

解説

1 (4) $(\sqrt{a})^2=a$，$(-\sqrt{a})^2=a$ を利用する。

2 (3) $0.6^2=0.36$，$(\sqrt{0.6})^2=0.6$ より，

$0.6^2<(\sqrt{0.6})^2$ だから，$0.6<\sqrt{0.6}$

よって，$-0.6>-\sqrt{0.6}$

3 (1) 根号を使わないと表すことができない数は，無理数である。$\sqrt{25}=5$ より，$\sqrt{25}$ は有理数である。

(2) $\frac{1}{9}=1\div9=0.111\cdots$

$\frac{7}{8}=7\div8=0.875$

$\frac{7}{11}=7\div11=0.6363\cdots$

p.12 予想問題

1 (1) ±30　(2) $\pm\sqrt{1.5}$　(3) $\pm\sqrt{\frac{5}{6}}$

2 (1) 5　(2) -0.8　(3) -11

3 (1) $\sqrt{17}>\sqrt{15}$　(2) $\sqrt{11}>3$

(3) $-\sqrt{10}<-3<-\sqrt{8}$

4 (1) ±3　(2) 10　(3) 7

(4) ○　(5) ○　(6) -13

5 A…$-\sqrt{10}$，B…$-\sqrt{6}$，C…$-\frac{7}{4}$，

D…$\sqrt{3}$，E…2.5

6 $n=3$，$\sqrt{48n}$ の値…12

解説

2 (2) $-\sqrt{0.64}=-\sqrt{0.8^2}=-0.8$

3 (3) $(\sqrt{10})^2=10$，$3^2=9$，$(\sqrt{8})^2=8$ より，

$(\sqrt{8})^2<3^2<(\sqrt{10})^2$ だから，$\sqrt{8}<3<\sqrt{10}$

よって，$-\sqrt{10}<-3<-\sqrt{8}$

4 (1) 正の数には平方根が2つあり，絶対値が等しく，符号が異なる。

(2) $\sqrt{a}$ はaの平方根のうち，正のほうである。

(3) $\sqrt{(-7)^2}=\sqrt{49}=\sqrt{7^2}=7$

(6) $-(-\sqrt{13})^2=-(-\sqrt{13})\times(-\sqrt{13})=-13$

5 $3^2<10<4^2$ より，$3<\sqrt{10}<4$ だから，

$-4<-\sqrt{10}<-3$

6 $48=2^4\times3=3\times4^2$ だから，

$48\times3=3\times4^2\times3=3^2\times4^2=(3\times4)^2$

p.14 テスト対策問題

1 (1) $-\sqrt{39}$　(2) 5

2 (1) $\sqrt{363}$　(2) $10\sqrt{5}$

3 (1) $\frac{\sqrt{5}}{9}$　(2) 0.6

4 (1) 17.32　(2) 0.1732　(3) 10.954

5 (1) $\frac{\sqrt{6}}{3}$　(2) $\frac{6\sqrt{5}}{5}$

6 (1) $6\sqrt{3}$　(2) $5\sqrt{5}-\sqrt{10}$

7 (1) $6+2\sqrt{7}$　(2) $21-4\sqrt{5}$

(3) -3　(4) $\sqrt{14}-\sqrt{7}$

8 $4\sqrt{6}$

解説

1 (2) $\frac{\sqrt{150}}{\sqrt{6}}=\sqrt{\frac{150}{6}}=\sqrt{25}=5$

4 (3) $\sqrt{120}=\sqrt{4\times30}=2\sqrt{30}$

5 (2) $\frac{6}{\sqrt{5}}=\frac{6\times\sqrt{5}}{\sqrt{5}\times\sqrt{5}}=\frac{6\sqrt{5}}{5}$

7 (2) $(2\sqrt{5}-1)^2=(2\sqrt{5})^2-2\times1\times2\sqrt{5}+1^2$

$=20-4\sqrt{5}+1=21-4\sqrt{5}$

(3) $(\sqrt{6}+3)(\sqrt{6}-3)=(\sqrt{6})^2-3^2$

$=6-9=-3$

8 $x^2-y^2=(x+y)(x-y)$ としてから，x，y の値を代入する。

p.15 予想問題

1 (1) $18\sqrt{2}$ (2) -9 (3) $-\sqrt{6}$

2 (1) $\sqrt{27}$ (2) $6\sqrt{7}$

3 (1) 0.4472 (2) 44.72 (3) 0.2828

4 (1) $\dfrac{\sqrt{22}}{2}$ (2) $\sqrt{2}$ (3) $\dfrac{\sqrt{2}}{2}$

5 (1) $30\sqrt{2}$ (2) $-\dfrac{1}{10}$ (3) $3\sqrt{2}$

6 (1) $9\sqrt{2}-2\sqrt{3}$ (2) $\dfrac{15\sqrt{2}}{4}$

7 (1) $5\sqrt{2}-6\sqrt{3}$ (2) $4\sqrt{10}$

8 (1) 5 (2) $5-5\sqrt{5}$

9 $2\sqrt{10}$ cm

解説

1 (1) $\sqrt{24}\times\sqrt{27}=2\sqrt{2\times3}\times3\sqrt{3}=18\sqrt{2}$

2 (1) $3\sqrt{3}=\sqrt{3^2\times3}=\sqrt{9\times3}=\sqrt{27}$

3 (3) $\sqrt{0.08}=\sqrt{\dfrac{8}{100}}=\dfrac{\sqrt{8}}{\sqrt{100}}=\dfrac{2\sqrt{2}}{10}=\dfrac{\sqrt{2}}{5}$

$=1.414\div5=0.2828$

4 (3) $\dfrac{2\sqrt{3}}{\sqrt{24}}=\dfrac{2\sqrt{3}}{2\sqrt{6}}=\dfrac{\sqrt{3}}{\sqrt{6}}=\dfrac{1}{\sqrt{2}}=\dfrac{1\times\sqrt{2}}{\sqrt{2}\times\sqrt{2}}$

$=\dfrac{\sqrt{2}}{2}$

6 (2) $\sqrt{32}-\sqrt{\dfrac{1}{2}}+\dfrac{1}{\sqrt{8}}=4\sqrt{2}-\dfrac{1}{\sqrt{2}}+\dfrac{1}{2\sqrt{2}}$

$=4\sqrt{2}-\dfrac{\sqrt{2}}{2}+\dfrac{\sqrt{2}}{4}=\dfrac{16\sqrt{2}-2\sqrt{2}+\sqrt{2}}{4}$

$=\dfrac{15\sqrt{2}}{4}$

7 (1) $\sqrt{6}\left(\dfrac{5}{\sqrt{3}}-3\sqrt{2}\right)=5\sqrt{2}-3\sqrt{12}$

$=5\sqrt{2}-6\sqrt{3}$

(2) $\sqrt{5}+\sqrt{2}$ を X，$\sqrt{5}-\sqrt{2}$ を Y とおくと，

$(\sqrt{5}+\sqrt{2})^2-(\sqrt{5}-\sqrt{2})^2=X^2-Y^2$

$=(X+Y)(X-Y)$

8 (1) $a^2-8a+16$ を因数分解すると，

$a^2-8a+16=(a-4)^2$

これに $a=4-\sqrt{5}$ を代入する。

9 正方形の1辺を a cm とおくと，

$a^2=40$

p.16～p.17 章末予想問題

1 (1) $\pm4\sqrt{2}$ (2) $-\dfrac{2}{3}$

(3) $-4>-3\sqrt{2}$ (4) $\dfrac{3\sqrt{5}+5\sqrt{3}}{15}$

(5) ㋑，㋒，㋔

2 (1) $2\sqrt{15}+6$ (2) 40

3 $n=42$

4 (1) $6\sqrt{10}$ (2) $\sqrt{6}$

(3) $-5\sqrt{3}+3\sqrt{7}$ (4) $\dfrac{5\sqrt{2}}{4}$

(5) $18-2\sqrt{5}$ (6) $2\sqrt{15}$

5 $a=48$

6 (1) $\dfrac{101}{10}a$ (2) $n=1$，8，13，16，17

(3) $3\sqrt{5}$ cm (4) 1

解説

3 $168=2^3\times3\times7=2^2\times(2\times3\times7)$

5 $6.9^2<(\sqrt{a})^2<7^2$ より，$47.61<a<49$ となるので，$a=48$

6 (1) $\sqrt{700}+\sqrt{0.07}=10\sqrt{7}+\dfrac{\sqrt{7}}{10}=\dfrac{101}{10}\sqrt{7}$

(2) $17-n=0$，1，4，9，16 のとき，$\sqrt{17-n}$ の値が整数となる。

(3) 正四角柱の底面の正方形の面積は，

$450\div10=45$ (cm^2)

(4) $3<\sqrt{10}<4$ より，$a=\sqrt{10}-3$

$a(a+6)=(\sqrt{10}-3)(\sqrt{10}-3+6)$

$=(\sqrt{10}-3)(\sqrt{10}+3)=10-9=1$

3章 方程式を利用して問題を解決しよう

p.19 テスト対策問題

1 ㋐，㋒，㋓

2 (1) $x=\pm\sqrt{3}$ (2) $x=\pm2\sqrt{2}$

(3) $x=-2$，$x=-8$ (4) $x=2\pm\sqrt{3}$

(5) $x=3\pm\sqrt{13}$ (6) $x=\dfrac{-5\pm\sqrt{37}}{2}$

3 (1) $x=\dfrac{3\pm\sqrt{41}}{4}$ (2) $-3\pm\sqrt{10}$

(3) $x=2$，$x=-\dfrac{3}{4}$ (4) $x=\dfrac{2}{3}$

4 (1) $x=3$，$x=-\dfrac{1}{2}$ (2) $x=0$，$x=-4$

(3) $x=1$, $x=2$　(4) $x=-2$, $x=3$

(5) $x=\pm 9$　(6) $x=3$

5 (1) $x=-3$, $x=6$　(2) $x=-2$, $x=6$

解説

2 (3) $(x+5)^2=9$　$x+5=\pm 3$

$x=-5+3=-2$, $x=-5-3=-8$

(5) $x^2-6x-4=0$　$x^2-6x=4$

$x-6x+9=4+9$　$(x-3)^2=13$

$x-3=\pm\sqrt{13}$

5 (1) $x^2+4x=7x+18$　$x^2+4x-7x-18=0$

$x^2-3x-18=0$　$(x+3)(x-6)=0$

p.20 予想問題

1 (1) $x=\pm 4$　(2) $x=-9\pm\sqrt{2}$

(3) $x=-2\pm\sqrt{7}$　(4) $x=\dfrac{7\pm\sqrt{29}}{2}$

2 (1) $x=\dfrac{-5\pm\sqrt{33}}{4}$　(2) $x=1\pm\sqrt{6}$

(3) $x=-2\pm 2\sqrt{3}$

(4) $x=-\dfrac{1}{2}$, $x=-\dfrac{3}{2}$

3 (1) $x=4$, $x=-6$　(2) $x=-4$, $x=8$

(3) $x=0$, $x=2$　(4) $x=11$

4 (1) $x=4$, $x=-7$　(2) $x=\dfrac{7\pm\sqrt{77}}{2}$

(3) $x=7$, $x=-4$　(4) $x=\dfrac{2\pm\sqrt{6}}{2}$

5 $a=-1$, $b=-20$

解説

2 (3) $\dfrac{1}{4}x^2=2-x$　両辺に4をかけると

$x^2=8-4x$

$x^2+4x-8=0$

4 (3) $(x-2)^2+(x-2)-30=0$

$x-2$ を A とすると,

$A^2+A-30=0$　$(A-5)(A+6)=0$

A を $x-2$ にもどすと,

$(x-2-5)(x-2+6)=0$

$(x-7)(x+4)=0$

5 $x^2+ax+b=0$ の x に -4 と 5 をそれぞれ代入し, a, b についての連立方程式をつくり, それを解いて求める。

別解 解が -4, 5 である2次方程式は, $(x+4)(x-5)=0$ である。左辺を展開すると

$x^2-x-20=0$ だから, $a=-1$, $b=-20$

p.22 テスト対策問題

1 -3, 5

2 8と9, -7と-6

3 15 cm

4 八角形

5 2 cm, 6 cm

解説

1 $x^2=2x+15$　$x^2-2x-15=0$

$(x+3)(x-5)=0$　$x=-3$, $x=5$

2 2つの続いた整数のうち, 小さいほうを n と表すと大きいほうは $n+1$ と表される。

$n(n+1)=n+(n+1)+55$

$n^2+n=n+n+1+55$

$n^2-n-56=0$　$(n+7)(n-8)=0$

$n=-7$, $n=8$

よって, 小さいほうの整数は -7, 8

3 紙の縦の長さを x cm とすると, 直方体の容器の底面の縦の長さは, $(x-10)$ cm, 底面の横の長さは, $(x+15-10)$ cm, 高さは 5 cm となるので,

$5(x-10)(x+15-10)=500$

$5(x-10)(x+5)=500$　$(x-10)(x+5)=100$

$x^2-5x-50-100=0$　$x^2-5x-150=0$

$(x+10)(x-15)=0$　$x>10$ より, $x=15$

4 $\dfrac{n(n-3)}{2}=20$　$n(n-3)=40$

$n^2-3n-40=0$　$(n+5)(n-8)=0$

$n>0$ より, $n=8$

5 AP の長さを x cm とすると,

PB$=(8-x)$ cm, BQ$=x$ cm と表される。

△BPQ の面積が 6 cm^2 より,

$\dfrac{x(8-x)}{2}=6$　$8x-x^2=12$

$x^2-8x+12=0$　$(x-2)(x-6)=0$

$x=2$, $x=6$

p.23 予想問題

1 1と2と3, -2と-1と0

2 15 cm

3 (1) $a+6$　(2) (4, 10)

4 7 cm, 8 cm

解説

1 3つの続いた整数のうち，中央の数をnとすると，もっとも小さい数は$n-1$，もっとも大きい数は$n+1$と表せる。
$(n-1)^2+(n+1)^2=2n+6$
$n^2-2n+1+n^2+2n+1=2n+6$
$2n^2-2n-4=0$　$n^2-n-2=0$
$(n+1)(n-2)=0$　$n=-1$，$n=2$
よって，中央の数は，-1，2

2 箱の高さをx cmとすると，底面積は
縦：$(40-2x)\div2$ (cm)，横：$(40-2x)$ cmとなるので，$(40-2x)\div2\times(40-2x)=50$
$(40-2x)^2=100$　$40-2x=\pm10$
$40-2x>0$ より，$x=15$

3 (2) △POAの底辺を OA$=2a$ cm，高さを点Pからx軸に下ろした垂線の長さ，$(a+6)$ cmとして面積を考える。
$\dfrac{2a(a+6)}{2}=40$　$a^2+6a=40$
$a^2+6a-40=0$　$(a-4)(a+10)=0$
$a>0$ より，$a=4$

4 点Pが動いた距離APをx cmとすると，BP$=(15-x)$ cm となるので，
$x^2+(15-x)^2=113$　展開して整理すると，
$x^2-15x+56=0$　$(x-7)(x-8)=0$
$0\leqq x\leqq15$ より，$x=7$，$x=8$

p.24～p.25 章末予想問題

1 (1) 1，5　(2) 3，4

2 (1) $x=\pm4$　(2) $x=-1\pm2\sqrt{5}$
(3) $x=-3\pm\sqrt{13}$　(4) $x=\dfrac{9\pm\sqrt{69}}{2}$
(5) $x=\dfrac{1\pm\sqrt{7}}{3}$　(6) $x=1$，$x=\dfrac{2}{5}$

3 (1) $x=\dfrac{2}{3}$，$x=-4$　(2) $x=2$，$x=-8$
(3) $x=-3$，$x=10$　(4) $x=3$
(5) $x=-2$，$x=9$　(6) $x=-5$，$x=4$

4 (1) $a=2$，$b=-24$　(2) $a=17$，解　9

5 3と4と5

6 1 m

7 2 cm，4 cm

解説

1 1～5のそれぞれの値をxに代入し，左辺が0になるものを答えればよい。
参考 方程式を解いて答えてもよい。

3 (6) $x+3$をAとおくと，$A^2-5A-14=0$
$(A-7)(A+2)=0$　Aを$x+3$ にもどすと，
$(x+3+2)(x+3-7)=0$　$(x+5)(x-4)=0$
$x=-5$，$x=4$

4 (1) $x^2+ax+b=0$ のxに4と-6をそれぞれ代入し，a，bについての連立方程式をつくり，それを解いて求める。
別解「解が4と-6になる2次方程式は$(x-4)(x+6)=0$」を利用してもよい。
(2) $x^2-ax+72=0$ のxに8を代入すると，
$-8a+136=0$　$a=17$
$x^2-ax+72=0$ のaに17を代入してもう1つの解を求める。

5 3つの続いた自然数を$n-1$，n，$n+1$とおく。
$(n-1)^2=n+(n+1)$
これを解くと，$n=0$，$n=4$
$n>1$ であるから，$n=4$

6 通路の幅をx mとする。
$(5-x)(12-3x)=5\times12\times\dfrac{3}{5}$
これを解くと $x=1$，$x=8$
$0<x<4$ より $x=1$

7 PBの長さをx cmとすると，QC$=2x$ cm，
PC$=(6-x)$ cm　QD$=(12-2x)$ cm
$12\times6-\dfrac{12x}{2}-\dfrac{(6-x)\times2x}{2}-\dfrac{6(12-2x)}{2}=28$
これを解くと，$x=2$，$x=4$

4章　関数の世界をひろげよう

p.27 テスト対策問題

1 (1) $y=3x$，×　(2) $y=\dfrac{1}{16}x^2$，○

2 (1) $y=2x^2$　(2) $y=8$　(3) $y=18$

3
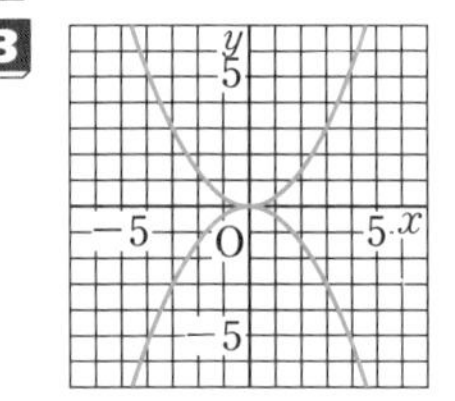

4 (1) $-\frac{7}{2}$　　(2) $\frac{9}{2}$

5 (1) $3 \leqq y \leqq 27$　　(2) $0 \leqq y \leqq 27$

解説

1 (1) $y=\frac{1}{2}\times x\times 6$

$y=3x$　　y は x に比例する。

(2) 長さ x cm の針金を折り曲げて作る正方形の 1 辺の長さは $\frac{1}{4}x$ cm となるので，

面積は，$y=\left(\frac{1}{4}x\right)^2$，$y=\frac{1}{16}x^2$

2 (1) $y=ax^2$ に，$x=4$，$y=32$ を代入して a の値を求める。$32=4^2\times a$　$a=2$

(2) $y=2x^2$ に $x=2$ を代入して y の値を求める。

3 $y=\frac{1}{3}x^2$ の x，y の値を表にすると，次のようになる。

x	…	-3	-2	-1	0	1	2	3	…
y	…	3	$\frac{4}{3}$	$\frac{1}{3}$	0	$\frac{1}{3}$	$\frac{4}{3}$	3	…

4 (1) $x=2$ のとき，$y=-\frac{1}{2}\times 2^2=-2$

$x=5$ のとき，$y=-\frac{1}{2}\times 5^2=-\frac{25}{2}$

したがって，変化の割合は，

$\left\{-\frac{25}{2}-(-2)\right\}\div(5-2)=\left(-\frac{21}{2}\right)\times\frac{1}{3}=-\frac{7}{2}$

5 (1) x の変域が $-3 \leqq x \leqq -1$ のとき，y は $x=-3$ で最大値，$x=-1$ で最小値をとる。

(2) x の変域が $-2 \leqq x \leqq 3$ のとき，y は $x=3$ で最大値，$x=0$ で最小値をとる。

p.28 予想問題

1 (1) $y=10\pi x^2$　　(2) 9 倍，$\frac{1}{16}$ 倍

(3) $\sqrt{3}$ 倍，3 倍

2 (1) $y=-4x^2$　　(2) $y=-36$

3 (1) ㋑　　(2) ㋐　　(3) ㋒

4 (1) 2　　(2) -3

5 (1) $-48 \leqq y \leqq -3$　　(2) $-27 \leqq y \leqq 0$

解説

1 (1) $y=\pi x^2\times 10$

(3) 半径を a 倍して体積が 3 倍になったとすると，$10\pi(ax)^2=3\times 10\pi x^2$　$a^2=3$

$a=\pm\sqrt{3}$　$a>0$ より，$a=\sqrt{3}$

2 (1) $y=ax^2$ に $x=-2$，$y=-16$ を代入して a の値を求める。

(2) $y=-4x^2$ に $x=3$ を代入して y の値を求める。

3 $y=ax^2$ のグラフは $a>0$ のとき上に，$a<0$ のとき下に開いた曲線になる。a の絶対値が大きいほど，グラフの開き方は小さい。

4 (1) $\left(\frac{1}{4}\times 6^2-\frac{1}{4}\times 2^2\right)\div(6-2)=8\div 4=2$

(2) $\left\{\frac{1}{4}\times(-4)^2-\frac{1}{4}\times(-8)^2\right\}\div\{-4-(-8)\}$

$=-12\div 4=-3$

5 (1) x の変域が $1 \leqq x \leqq 4$ のとき，y は $x=1$ で最大値，$x=4$ で最小値をとる。

(2) x の変域が $-2 \leqq x \leqq 3$ のとき，y は $x=0$ で最大値，$x=3$ で最小値をとる。

p.30 テスト対策問題

1 (1) 18 m　　(2) 5 秒

(3) 6 m/s　　(4) 16 m/s

2 (1) A…-8，B…-2　　(2) $a=-\frac{1}{2}$

3 (1)

y (円)
180
150
120
90
60
30
0
1 2 3 4 5 6 7 8 9 10
x (分)

(2) ① B　　② A　　③ B

解説

1 (1) $y=2x^2$ に $x=3$ を代入して y の値を求めると，$y=2\times 3^2=18$

(2) $y=2x^2$ に $y=50$ を代入して x の値を求める。

$50=2x^2$　$x^2=25$　$x=\pm 5$

$x>0$ であることに注意する。

(3) $(\text{平均の速さ})=\frac{(\text{進んだ距離})}{(\text{進んだ時間})}$

$\frac{2\times 3^2-2\times 0^2}{3-0}=\frac{18}{3}=6$

(4) $\dfrac{2\times6^2-2\times2^2}{6-2}=\dfrac{72-8}{4}=\dfrac{64}{4}=16$

2 (1) $-4-4=-8$, $2-4=-2$ より，A の y 座標は -8，B の y 座標は -2

(2) $y=ax^2$ は点 A$(-4,\ -8)$ を通るから，$x=-4$, $y=-8$ を代入して，a の値を求める。

$-8=a\times(-4)^2$　$-8=16a$　$a=-\dfrac{1}{2}$

別解 $y=ax^2$ が点 B$(2,\ -2)$ を通ることを利用して，a の値を求めることもできる。

$-2=a\times2^2$　$-2=4a$　$a=-\dfrac{1}{2}$

3 (1) **注意** グラフの端の点をふくむ場合は・，ふくまない場合は◦を使って表す。

(2) ②料金プランBのとき，$8-5=3$ より，3 分間は 30 秒ごとに料金が 10 円かかるので，

$100+(3\times60\div30)\times10=160$

p.31 予想問題

1 (1) $\boldsymbol{y=4x+6}$　(2) **12**

(3) $\left(-\dfrac{4}{3},\ \dfrac{32}{9}\right)$, $\left(\dfrac{4}{3},\ \dfrac{32}{9}\right)$

2 (1) $\boldsymbol{y=x^2}$, $\boldsymbol{0\leqq y\leqq9}$

(2) $\boldsymbol{y=3x}$,
$\boldsymbol{9\leqq y\leqq18}$

3 (1) **右の図**

(2) **240 円**

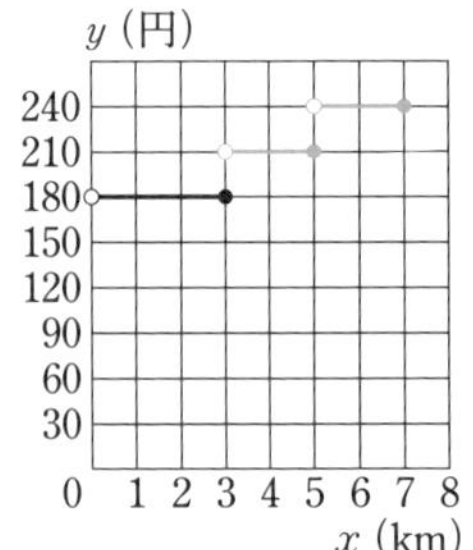

解説

1 (2) △OABの面積＝△OAC の面積＋△OBC の面積

点Cは直線 AB の切片であるから，OC＝6

△OAC の面積$=\dfrac{1}{2}\times6\times1=3$

△OBC の面積$=\dfrac{1}{2}\times6\times3=9$

△OAB の面積$=3+9=12$

(3) Pの x 座標の絶対値を a とおくと，

△OCP の面積は，$\dfrac{1}{2}\times$OC$\times a$

$\dfrac{1}{2}\times6\times a=12\times\dfrac{1}{3}$　$a=\dfrac{4}{3}$

よって，Pの x 座標は $\pm\dfrac{4}{3}$

2 (1) x の変域が $0\leqq x\leqq3$ のとき，点PはAから辺 AB の中点まで，点QはAからDまで動くから，△APQ の面積は，

$y=\dfrac{1}{2}\times x\times2x=x^2$

このとき y は，$x=0$ で最小値，$x=3$ で最大値をとる。

(2) x の変域が $3\leqq x\leqq6$ のとき，点Pは，辺 AB の中点からBまで，点QはDからCまで動くから △APQ の面積は，

$y=\dfrac{1}{2}\times x\times6=3x$

このとき y は，$x=3$ で最小値，$x=6$ で最大値をとる。

p.32～p.33 章末予想問題

1 (1) $\boldsymbol{y=\dfrac{1}{2}x^2}$　(2) $\boldsymbol{y=18}$

(3)

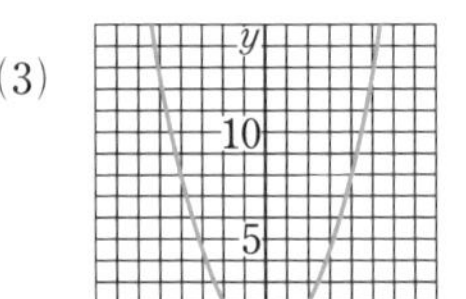

(4) $\boldsymbol{-\dfrac{9}{2}}$

(5) $\boldsymbol{0\leqq y\leqq8}$

2 ㋑，㋒

3 (1) $\boldsymbol{a=\dfrac{1}{4}}$　(2) $\boldsymbol{a=2}$

4 (1) **8**　(2) $\boldsymbol{a=-1}$, $\boldsymbol{b=4}$　(3) **12**

5 **7 kg**

解説

1 (1) $y=ax^2$ に $x=3$, $y=\dfrac{9}{2}$ を代入して a の値を求める。

(3) **注意** なめらかな曲線になるようにかく。

(5) x の変域が $-2\leqq x\leqq4$ のとき，y は $x=4$ で最大値，$x=0$ で最小値をとる。

2 関数 $y=ax^2$ で，$x<0$ の範囲において，$a>0$ のときは x の値が増加すると，y の値は減少する。

3 (1) $y=0$ が最小値であることから，$x=-4$ のとき y は最大値 4 をとる。$y=ax^2$ に $x=-4$, $y=4$ を代入して a を求める。

(2) $\dfrac{a\times5^2-a\times2^2}{5-2}=14$　$\dfrac{25a-4a}{3}=14$

$7a-14$　$a=2$

4 (1) 点Aは $y=\frac{1}{2}x^2$ 上にあるので，$x=-4$ を代入して y の値を求める。

(2) A$(-4,\ 8)$，B$(2,\ 2)$ より，直線 $y=ax+b$ にそれぞれの座標を代入し，連立方程式

$\begin{cases} 8=-4a+b \\ 2=2a+b \end{cases}$ を解いて a，b を求める。

(3) 関数 $y=-x+4$ の切片は 4 だから，

△OAB の面積は，

$\frac{1}{2}\times4\times4+\frac{1}{2}\times4\times2=8+4=12$

5 それぞれの運送会社の料金をグラフに表して比べる。

5章 形に着目して図形の性質を調べよう

p.35 テスト対策問題

1 (1) **2 : 3** (2) **8 cm**

(3) **70°**

2 (1) **△ABC∽△EDF**

(2) **2 組の辺の比とその間の角がそれぞれ等しい。**

3 (1) **△ABC と △AED において，**

仮定から，∠ABC＝∠AED ……①

また， ∠A は共通 ……②

①，②より，2 組の角がそれぞれ等しいから，△ABC∽△AED

(2) **5 cm**

4 **35 m**

解説

1 (2) BC：12＝2：3 3BC＝24 BC＝8 cm

(3) ∠F と対応しているのは ∠B である。

3 (2) △ABC と △AED の相似比は，

(8＋4)：6＝2：1 だから，10：DE＝2：1

2DE＝10 DE＝5 cm

4 7×500＝3500 (cm) より，35 m

p.36 予想問題 ❶

1 **下の図**

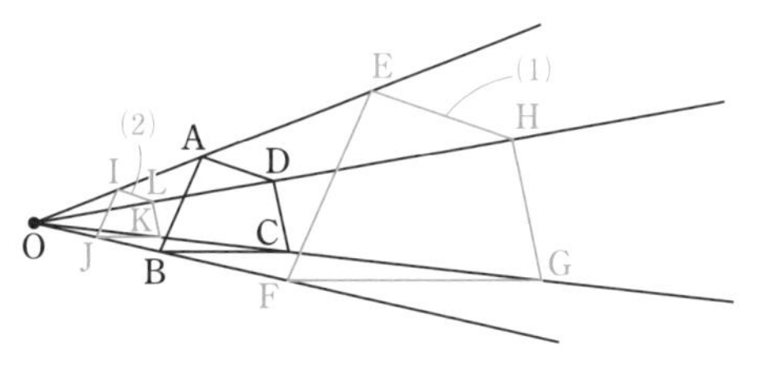

2 (1) **4：3** (2) **8 cm** (3) **40°**

3 **㋐と㋓，条件… 2 組の角がそれぞれ等しい。**

㋑と㋗，条件… 3 組の辺の比がすべて等しい。

㋒と㋔，条件… 2 組の辺の比とその間の角がそれぞれ等しい。

解説

2 (1) 12：9＝4：3

(2) AC：6＝4：3 3AC＝24 AC＝8 cm

(3) ∠E と対応しているのは ∠B である。

p.37 予想問題 ❷

1 (1) **△ABC∽△AED**

条件… 2 組の角がそれぞれ等しい。

(2) **△ABC∽△DEC**

条件… 2 組の辺の比とその間の角がそれぞれ等しい。

2 (1) **△ABC と △CBD において，**

∠ACB＝∠CDB＝90° ……①

また，∠B は共通 ……②

①，②より，2 組の角がそれぞれ等しいから，△ABC∽△CBD

(2) $\frac{48}{5}$ **cm**

3 (1) **△ABD と △ACE において，**

∠ADB＝180°－∠BDC

∠AEC＝180°－∠BEC

∠BDC＝∠BEC より，

∠ADB＝∠AEC ……①

また，∠A は共通 ……②

①，②より，2 組の角がそれぞれ等しいから，△ABD∽△ACE

(2) $\frac{18}{5}$ **cm**

4 **約 13.1 m**

5 **1.70×10^5 km**

解説

2 (1) ポイント 三角形の相似の証明では，「2 組の角がそれぞれ等しい」ことを使う場合が多い。

(2) AB：CB＝AC：CD より，

20：16＝12：CD 5：4＝12：CD

5CD＝48 CD＝$\frac{48}{5}$ cm

3 (2)　AB：AC＝AD：AE より，

6：5＝AD：3　5AD＝18　AD＝$\frac{18}{5}$ cm

4 $\frac{1}{400}$ の縮図をかくとすると，

BC＝20×100×$\frac{1}{400}$＝5 (cm)

このとき，AC の長さは約 2.9 cm となるから，
木の高さは，2.9×400÷100＋1.5＝13.1 (m)

p.39 テスト対策問題

1 (1)　$x=9$，$y=5$　　(2)　$x=14$，$y=12$

(3)　$x=\frac{25}{2}$

2 **FD**

3 **20 cm**

4 (1)　$x=\frac{45}{2}$　　(2)　$x=\frac{48}{5}$

5

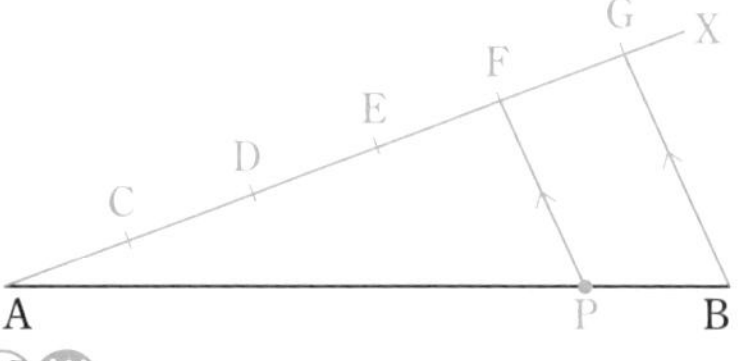

解説

2 BF：FA＝16：8＝2：1，
BD：DC＝20：10＝2：1 より，FD∥AC

3 中点連結定理より，

DE＝$\frac{1}{2}$BA＝$\frac{1}{2}$×15＝$\frac{15}{2}$ (cm)

同様にして，EF＝7 cm，FD＝$\frac{11}{2}$ cm

$\frac{15}{2}+7+\frac{11}{2}=20$ (cm)

4 (1)　x：15＝18：12　$12x=18\times15$　$x=\frac{45}{2}$

(2)　18：x＝15：8　$15x=18\times8$　$x=\frac{48}{5}$

5 ①点Aを通る直線 X をひき，点Aから等間隔に 5 つの点をとる（Aから近い順に C，D，E，F，G とする。）
②5 つ目の点と点Bを直線で結ぶ。
③②でひいた直線と平行で点F を通る直線をひき，AB との交点が点P である。

p.40 予想問題

1 (1)　$x=6$，$y=\frac{15}{2}$　　(2)　$x=12$，$y=6$

2 (1)　**4 cm**　　(2)　**11 cm**

3 **△DAB において，E は辺 AD の中点，H は BD の中点であるから，**

EH∥AB，EH＝$\frac{1}{2}$AB

△CAB においても，同様に，

GF∥AB，GF＝$\frac{1}{2}$AB

したがって，EH∥GF，EH＝GF
1 組の対辺が平行で，その長さが等しいから，四角形 EGFH は平行四辺形である。

4 (1)　$x=12.8$　　(2)　$x=2.5$，$y=1.5$

5 (1)　**2：3**　　(2)　$\frac{24}{5}$ **cm**

解説

2 (1)　E，F はそれぞれ辺 AB，辺 DB の中点だから，中点連結定理より，

EF＝$\frac{1}{2}$×8＝4 (cm)

(2)　EF∥BC より，FG∥BC だから，
FG：BC＝DF：DB　FG：14＝1：2
FG＝7 cm
EG＝EF＋FG＝4＋7＝11 (cm)

4 (1)　6：10＝4.8：(x−4.8)
$6(x-4.8)=48$　$x-4.8=8$　$x=12.8$

5 (1)　BE：ED＝AB：DC＝8：12＝2：3
(2)　BE：BD＝2：(2＋3)＝2：5 より，
2：5＝EF：12，5EF＝2×12

EF＝$\frac{24}{5}$ cm

p.42 テスト対策問題

1 (1)　**4：3**　　(2)　**16：9**

2 (1)　**21 cm**　　(2)　**12 cm^2**

3 (1)　**9：16**　　(2)　**27：64**

4 (1)　**52 cm^2**　　(2)　**384 cm^3**

解説

2 △ABC と △DEF の相似比は，4：6＝2：3
(1)　**ポイント**　周の長さの比は相似比 (2：3) に等しい。14×$\frac{3}{2}$＝21 (cm)

(2) 面積比は，$2^2:3^2=4:9$

$27\times\frac{4}{9}=12\ (\mathrm{cm}^2)$

3 (1) 表面積の比は，$3^2:4^2=9:16$

(2) 体積比は，$3^3:4^3=27:64$

ミス注意! 表面積の比と体積比を混同しないようにすること。

4 PとQの相似比は，$4:8=1:2$

(1) PとQの表面積の比は，$1^2:2^2=1:4$

$208\times\frac{1}{4}=52\ (\mathrm{cm}^2)$

(2) PとQの体積比は，$1^3:2^3=1:8$

$48\times8=384\ (\mathrm{cm}^3)$

p.43 予想問題

1 (1) **5：4**　(2) **48 cm²**

2 (1) **243 cm²**　(2) **64 cm²**　(3) **130 cm²**

3 (1) **3：4**　(2) **320 cm³**

4 (1) $\frac{64}{125}$ **倍**　(2) **305 cm³**

解説

2 △APR と △AQS と △ABC は相似であり，△APR の面積を a cm² とすると，△AQS の面積は $4a$ cm²，△ABC の面積は $9a$ cm² と表される。

(1) $a=27$ より，$9a=9\times27=243\ (\mathrm{cm}^2)$

(2) $9a=144$ より，$a=16$

$4a=4\times16=64\ (\mathrm{cm}^2)$

(3) 四角形 PQSR の面積は $3a$ cm²，四角形 QBCS の面積は $5a$ cm²

$3a=78\quad a=26$

$5\times26=130\ (\mathrm{cm}^2)$

3 (1) 表面積の比が $9:16=3^2:4^2$ であるから，相似比は，$3:4$

(2) 体積比は，$3^3:4^3=27:64$

$135\times\frac{64}{27}=320\ (\mathrm{cm}^3)$

4 (1) 水が入っている部分と容器の相似比は，$16:20=4:5$

体積比は，$4^3:5^3=64:125$

(2) 容器の容積は，$320\times\frac{125}{64}=625\ (\mathrm{cm}^3)$

$625-320=305\ (\mathrm{cm}^3)$

p.44〜p.45 章末予想問題

1 (1) $x=12$　(2) $x=10$　(3) $x=\frac{18}{5}$

2 (1) **△ABD と △AEF において，**

∠ABD＝∠AEF＝60°　……①

∠BAD＝∠BAC－∠DAC＝60°－∠DAC

∠EAF＝∠DAE－∠DAC＝60°－∠DAC

よって，∠BAD＝∠EAF　……②

①，②より，2 組の角がそれぞれ等しいから，△ABD∽△AEF

(2) $\frac{19}{10}$ **cm**　(3) $(5-\sqrt{6})$ **cm**

3 **9 cm**

4 (1) $x=8$　(2) $x=6$

5 $x=\frac{15}{2}$，$y=\frac{5}{2}$

6 **AD∥EC より，**

∠BAD＝∠AEC，∠DAC＝∠ACE

∠BAD＝∠DAC であるから，

∠AEC＝∠ACE

よって，AE＝AC

AD∥EC より，BA：AE＝BD：DC

したがって，AB：AC＝BD：DC

7 (1) **1：9**　(2) **Q…7*a*，R…19*a***

解説

1 (1) △ABC∽△ACD

(2) △ABC∽△DAC

(3) △ABC∽△DAC

2 (2) AF＝x cm とおくと，

AB：AE＝AD：AF より，

$10:9=9:x\quad x=\frac{81}{10}$

$\mathrm{CF}=10-\frac{81}{10}=\frac{19}{10}\ (\mathrm{cm})$

(3) △ABD∽△DCF である。BD＝y cm とおくと，AB：DC＝BD：CF より，

$10:(10-y)=y:\frac{19}{10}$

$y(10-y)=10\times\frac{19}{10}\quad y^2-10y+19=0$

これを解いて，$y=5\pm\sqrt{6}$

仮定から BD<DC より，$y<5$ であるから，

$y=5-\sqrt{6}$

3 △AEC において，中点連結定理より，
EC＝2DF＝2×3＝6 (cm)
また，DF∥EC より，△BDG において，
BE：BD＝EC：DG
1：2＝6：DG　DG＝12 cm
FG＝12－3＝9 (cm)

4 (1) AE：EB＝DF：FC＝2：3　対角線 AC をひき，EF との交点をGとすると，
$EG=\frac{2}{2+3}BC=\frac{2}{5}\times14=\frac{28}{5}$
同様にして，$GF=\frac{12}{5}$　$EF=\frac{28}{5}+\frac{12}{5}=8$
(2) $EH=\frac{1}{2}\times18=9$　$EI=\frac{1}{2}\times30=15$
HI＝15－9＝6

5 △ABF∽△CEF，△BCE∽△GDE を使って求める。

7 (2) 立体PとQを合わせた体積は 2^3a，立体PとQとRを合わせた体積は 3^3a。

6章　円の性質を見つけて証明しよう

p.47　テスト対策問題

1 (1) ∠x＝54°　(2) ∠x＝59°
(3) ∠x＝230°　(4) ∠x＝24°
2 (1) ∠x＝52°　(2) ∠y＝104°
3 (1) ∠x＝54°　(2) ∠x＝15°
4 ㋐，㋒

解説

2 (2) $\overset{\frown}{CD}=\overset{\frown}{AB}$ より，∠CBD＝∠ACB＝52°
△EBC の外角なので，∠y＝52°＋52°＝104°
3 (1) ∠x＝180°－(36°＋90°)＝54°
(2) ∠x＝90°－75°＝15°
4 ㋑…∠BDC＝180°－(37°＋80°)＝63° なので，∠BAC≠∠BDC

p.48　予想問題

1 (1) ∠x＝100°　(2) ∠x＝53°
(3) ∠x＝18°
2 (1) ∠x＝26°　(2) ∠x＝72°
(3) ∠x＝120°
3 (1) ∠x＝23°　(2) ∠x＝57°
(3) ∠x＝25°　(4) ∠x＝30°
4 (1) ∠x＝26°　(2) ∠y＝54°

解説

1 (1) OA＝OB＝OC より，∠OAB＝30°，
∠OAC＝20°，∠x＝2×(30°＋20°)＝100°
(2) $\angle APB=\frac{1}{2}\times110°=55°$
∠x＝180°－(55°＋72°)＝53°
(3) ∠CAD＝∠CBD＝∠x より，
∠ACB＝42°＋∠x
また，∠ACB＝78°－∠x であるから，
42°＋∠x＝78°－∠x　∠x＝18°
2 (2) $\angle ADB=\angle BDC=\frac{1}{2}\times\left(\frac{1}{5}\times360°\right)=36°$
∠x＝2×36°＝72°
(3) $\angle EFD=\angle AEF=\frac{1}{2}\times\left(\frac{1}{6}\times360°\right)=30°$
∠x＝180°－(30°＋30°)＝120°
3 (4) ∠BEA＝∠BEC＝90° より，
∠ABE＝180°－(75°＋90°)＝15°
∠x＝2∠ABE＝2×15°＝30°
4 ∠x＝52°－26°＝26°　∠ADB＝∠ACB＝26° より，4点A，B，C，Dは1つの円周上にある。
よって，∠y＝∠ABD
＝180°－(74°＋26°＋26°)＝54°

p.50　テスト対策問題

1

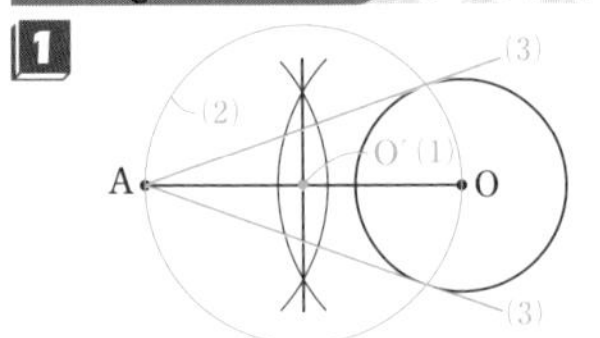

2 OとA，OとP，OとP′ を結ぶ。
△OAP と △OAP′ において，
AP，AP′ は円Oの接線だから，
∠APO＝∠AP′O＝90°　……①
円Oの半径から，OP＝OP′　……②
また，OA は共通　……③
①，②，③より，直角三角形で，斜辺と他の1辺がそれぞれ等しいから，
△OAP≡△OAP′
対応する辺の長さは等しいから，AP＝AP′

3 (1) △ACP と △DBP において，
$\overset{\frown}{CB}$ に対する円周角は等しいから，
∠CAP＝∠BDP　……①
対頂角は等しいから，

$\angle$APC＝$\angle$DPB　……②
①，②より，2組の角がそれぞれ等しいから，
△ACP∽△DBP

(4) $\frac{140}{11}$ cm

解説

1 (3) 円O′と円Oとの2つの交点をP，P′とすると，AOは円O′の直径だから，
$\angle$APO＝$\angle$AP′O＝90°となり，AP，AP′は円Oの接線であることがわかる。

3 (2) PA：PD＝PC：PB が成り立つので，
10：PD＝11：14　PD＝$\frac{10\times14}{11}$＝$\frac{140}{11}$

p.51 予想問題

1 (1) △PADと△PCBにおいて，
$\overset{\frown}{AC}$に対する円周角は等しいから，
$\angle$PDA＝$\angle$PBC　……①
$\angle$Pは共通　……②
①，②より，2組の角がそれぞれ等しいから，△PAD∽△PCB
(2) (1)より，PA：PC＝PD：PB であるから，PA×PB＝PC×PD
すなわち，PA：PD＝PC：PB
(3) 19 cm

2 △ABEと△BDEにおいて，
$\angle$Eは共通　……①
仮定から，$\angle$BAE＝$\angle$EAC　……②
$\overset{\frown}{EC}$に対する円周角は等しいから，
$\angle$EAC＝$\angle$DBE　……③
②，③より，$\angle$BAE＝$\angle$DBE　……④
①，④より，2組の角がそれぞれ等しいから，△ABE∽△BDE

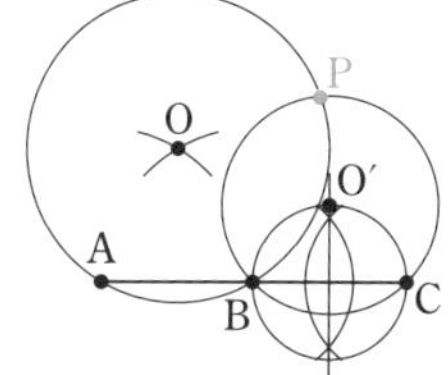

解説

1 (3) (2)より，6：PD＝5：20　PD＝24 cm
CD＝PD－PC＝24－5＝19 (cm)

2 参考 △ABE∽△ADC，ECを結ぶと，△ABD∽△CED なども成り立つ。

3 $\angle$APB＝30°となる点は，A，Bを通り，$\angle$AOB＝60°になる円の周上にある。A，Bをそれぞれ中心とする半径がABの円の交点を中心Oとして円Oをかく。
また，$\angle$BPC＝45°になる点は，線分BCの垂直二等分線と線分BCを直径とする円との交点を中心O′としてかいた円O′の周上にある。円Oと円O′の交点が点Pである。

p.52〜p.53 章末予想問題

1 (1) $\angle x$＝118°　(2) $\angle x$＝26°
(3) $\angle x$＝38°　(4) $\angle x$＝53°
(5) $\angle x$＝24°　(6) $\angle x$＝25°

2 (1) $\angle x$＝45°，$\angle y$＝112.5°
(2) $\angle x$＝40°，$\angle y$＝30°

3 平行四辺形の対角は等しいから，
$\angle$BAD＝$\angle$BCD
また，折り返した角であるから，
$\angle$BCD＝$\angle$BPD
よって，$\angle$BAD＝$\angle$BPD と，点A，Pが直線BDの同じ側にあることから，4点A，B，D，Pは1つの円周上にある。
したがって，$\overset{\frown}{AP}$に対する円周角は等しいから，$\angle$ABP＝$\angle$ADP

4 (1) 12 cm　(2) 12 cm

5 (1) x＝4　(2) x＝11

6 (1) △ADBと△ABEにおいて，
$\angle$BAD＝$\angle$EAB (共通)　……①
AB＝AC より，
$\angle$ABE＝$\angle$ACB　……②
$\overset{\frown}{AB}$に対する円周角は等しいから，
$\angle$ACB＝$\angle$ADB　……③
②，③より，$\angle$ADB＝$\angle$ABE　……④
①，④より，2組の角がそれぞれ等しいから，△ADB∽△ABE
(2) 6 cm

解説

2 (1) A〜Hは円周を8等分する点だから，8等分した1つ分の弧に対する円周角は，
$\frac{1}{2}\times\left(\frac{1}{8}\times360°\right)$＝22.5°
よって，$\angle x$＝2×22.5°＝45°

$\angle DAG = 3\times 22.5° = 67.5°$ より，

$\angle y = 45° + 67.5° = 112.5°$

(2) △ADC で，$\angle x = 90° - 50° = 40°$

$\angle DEB = \angle DCB = 20°$ より，4点D，B，C，Eは1つの円周上にある。

よって，$\angle BEC = \angle BDC = 90°$ より，

$\angle y = 180° - (20° + 90° + 40°) = 30°$

4 (1) $BP = x$ cm とすると，$AP = AR = 16$ cm

$BP = BQ = CQ = CR = x$ cm であるから，

$16\times 2 + 4x = 56 \quad x = 6$

$BC = 2x = 12$ (cm)

(2) $AP = 3a$ cm，$BP = 2a$ cm とおくと，

$3a\times 2 + 2a\times 4 = 56 \quad 14a = 56 \quad a = 4$

よって，$AP = 3\times 4 = 12$ (cm)

5 (2) $BC /\!/ FD$ より，$\angle DFC = \angle ACB$ …①

$\overset{\frown}{AB} = \overset{\frown}{AD}$ より，1つの円において，等しい弧に対する円周角は等しいから，

$\angle ACB = \angle DCF$ ……②

①，②より，$\angle DFC = \angle DCF$

したがって，底角が等しいから，△DFCは$DF = DC$ の二等辺三角形。

6 (2) △ADB∽△ABE より，

$AB : AE = AD : AB \quad AB : 9 = 4 : AB$

$AB^2 = 36 \quad AB > 0$ であるから，$AB = 6$ cm

7章　三平方の定理を活用しよう

p.55 テスト対策問題

1 (1) $x=10$ (2) $x=12$ (3) $x=2\sqrt{6}$

(4) $x=6$ (5) $x=15$ (6) $x=1.5$

2 (1) × (2) ○ (3) ○ (4) ○

(5) × (6) ○

3 $AB^2 + BC^2 = 20^2 + 21^2 = 400 + 441 = 841$

$AC^2 = 29^2 = 841$

よって，$AB^2 + BC^2 = AC^2$ が成り立つから，△ABCは $\angle B = 90°$ の直角三角形である。

4 27 cm，36 cm，45 cm

解説

1 (1) $x^2 = 6^2 + 8^2 = 100$

$x > 0$ であるから，$x = 10$

(4) $x^2 = (6\sqrt{2})^2 - 6^2 = 36$

$x > 0$ であるから，$x = 6$

2 (1) $4^2 + 8^2 = 80$，$9^2 = 81$

(2) $12^2 + 16^2 = 400$，$20^2 = 400$

(3) $(\sqrt{3})^2 + (\sqrt{7})^2 = 10$，$(\sqrt{10})^2 = 10$

(4) $1^2 + (\sqrt{3})^2 = 4$，$2^2 = 4$

(5) $(\sqrt{10})^2 + (3\sqrt{3})^2 = 37$，$6^2 = 36$

(6) $(3\sqrt{2})^2 + (3\sqrt{6})^2 = 72$，$(6\sqrt{2})^2 = 72$

4 最も短い辺の長さを x cm とすると，

$(x+9+9)^2 = (x+9)^2 + x^2$

$x^2 - 18x - 243 = 0 \quad (x-27)(x+9) = 0$

$x > 0$ であるから，$x = 27$

p.56 予想問題

1 (1) ① $(a+b)^2$ ② $\frac{1}{2}ab$

③ $a^2 + b^2$ ④ c^2

(2) ① c^2 ② $\frac{1}{2}ab$

③ $c^2 - 2ab$ ④ $a^2 - 2ab + b^2$

2 △ABCにおいて，三平方の定理より，

$AC^2 = 8^2 + 12^2 = 208$

また，$AD^2 + DC^2 = (6\sqrt{3})^2 + 10^2 = 208$

よって，$AD^2 + DC^2 = AC^2$ が成り立つから，△ADCは，$\angle ADC = 90°$ の直角三角形である。

3 (1) $x = 3$

(2) $(4\sqrt{x})^2 + (x-4)^2 = 16x + (x^2 - 8x + 16)$

$= x^2 + 8x + 16$

$(x+4)^2 = x^2 + 8x + 16$

$(4\sqrt{x})^2 + (x-4)^2 = (x+4)^2$ が成り立つから，直角三角形である。

解説

3 (1) $(x+2)$ cm の辺が斜辺となるから，

$x^2 + (x+1)^2 = (x+2)^2$

$x^2 + (x^2 + 2x + 1) = x^2 + 4x + 4$

$x^2 - 2x - 3 = 0 \qquad x = -1,\ x = 3$

$x > 0$ であるから，$x = 3$

p.58 テスト対策問題

1 (1) $4\sqrt{5}$ cm (2) $6\sqrt{2}$ cm

2 (1) $x=5$，$y=5\sqrt{2}$ (2) $x=2\sqrt{3}$，$y=2$

3 (1) $2\sqrt{17}$ (2) $\sqrt{74}$

4 (1) $x=2\sqrt{5}$ (2) $x=2\sqrt{10}$

5 (1) $\mathbf{10\sqrt{2}}$ **cm**　(2) $\mathbf{5\sqrt{3}}$ **cm**

解説

1 (1) $\sqrt{4^2+8^2}=\sqrt{80}=4\sqrt{5}$ (cm)

(2) $\sqrt{6^2+6^2}=\sqrt{72}=6\sqrt{2}$ (cm)

2 特別な直角三角形の 3 辺の比を利用する。

(1) $5:y=1:\sqrt{2}$　$y=5\sqrt{2}$

(2) $4:x=2:\sqrt{3}$　$x=2\sqrt{3}$

$4:y=2:1$　$y=2$

3 (1) $\sqrt{\{3-(-5)\}^2+(4-2)^2}=\sqrt{8^2+2^2}$

$=\sqrt{68}=2\sqrt{17}$

(2) $\sqrt{\{3-(-2)\}^2+\{3-(-4)\}^2}=\sqrt{5^2+7^2}$

$=\sqrt{74}$

4 (1) $\mathrm{AH}=\sqrt{3^2-2^2}=\sqrt{5}$ (cm)

AB＝2AH より，$x=2\times\sqrt{5}=2\sqrt{5}$

(2) ∠APO＝90° だから，

$\mathrm{AP}=\sqrt{7^2-3^2}=\sqrt{40}=2\sqrt{10}$ (cm)

5 (1) $\sqrt{8^2+10^2+6^2}=\sqrt{200}=10\sqrt{2}$ (cm)

(2) $\sqrt{5^2+5^2+5^2}=\sqrt{75}=5\sqrt{3}$ (cm)

p.59 予想問題

1 (1) $\mathbf{25\sqrt{3}}$ $\mathbf{cm^2}$　(2) $\mathbf{8\sqrt{5}}$ $\mathbf{cm^2}$

(3) **50** $\mathbf{cm^2}$

2 (1) **6 cm**　(2) $\mathbf{3\sqrt{3}}$ **cm**

3 (1) $\mathbf{9\sqrt{3}\pi}$ $\mathbf{cm^3}$　(2) $\mathbf{27\pi}$ $\mathbf{cm^2}$

4 (1) $\mathbf{3\sqrt{14}}$ **cm**　(2) $\mathbf{36\sqrt{14}}$ $\mathbf{cm^3}$

5 $\mathbf{\frac{29}{5}}$ **cm**

解説

1 (1) ∠ABH＝60° だから，$10:\mathrm{AH}=2:\sqrt{3}$

$\mathrm{AH}=5\sqrt{3}$ cm

$\triangle\mathrm{ABC}=\frac{1}{2}\times10\times5\sqrt{3}=25\sqrt{3}$ (cm²)

(2) D は BC の中点だから，BD＝4 cm

$\mathrm{AD}=\sqrt{6^2-4^2}=\sqrt{20}=2\sqrt{5}$ (cm)

$\triangle\mathrm{ABC}=\frac{1}{2}\times8\times2\sqrt{5}=8\sqrt{5}$ (cm²)

(3) 正方形の 1 辺の長さを x cm とすると，

$x:10=1:\sqrt{2}$　$x=5\sqrt{2}$

$(5\sqrt{2})^2=50$ (cm²)

2 (1) 1 辺が $2\sqrt{3}$ cm の立方体の対角線だから，

$\sqrt{(2\sqrt{3})^2+(2\sqrt{3})^2+(2\sqrt{3})^2}=\sqrt{36}=6$ (cm)

(2) 直角二等辺三角形 BCG で，

$\mathrm{BG}=\sqrt{2}\times2\sqrt{3}=2\sqrt{6}$ (cm)

∠B＝90° の直角三角形 MBG で，

$\mathrm{MG}^2=\mathrm{BG}^2+\mathrm{BM}^2$ より，

$\mathrm{MG}=\sqrt{(2\sqrt{6})^2+(\sqrt{3})^2}=\sqrt{27}$

$=3\sqrt{3}$ (cm)

3 (1) $\mathrm{AO}=\sqrt{6^2-3^2}=\sqrt{27}=3\sqrt{3}$ (cm)

したがって，体積は，

$\frac{1}{3}\times(\pi\times3^2)\times3\sqrt{3}=9\sqrt{3}\pi$ (cm³)

(2) 展開図にしたとき，側面のおうぎ形の弧の長さと底面の円の円周は同じ長さだから，おうぎ形の中心角の大きさを x° とすると，

$2\pi\times6\times\frac{x}{360}=2\pi\times3$　$x=180$

表面積は，$\pi\times6^2\times\frac{180}{360}+\pi\times3^2=27\pi$ (cm²)

4 (1) $\mathrm{AC}=6\sqrt{2}$ cm より，

$\mathrm{AH}=6\sqrt{2}\div2=3\sqrt{2}$ (cm)

△OAH で，

$\mathrm{OH}=\sqrt{12^2-(3\sqrt{2})^2}=\sqrt{126}=3\sqrt{14}$ (cm)

(2) $\frac{1}{3}\times6^2\times3\sqrt{14}=36\sqrt{14}$ (cm³)

5 BE＝x cm とすると，△CEM において，三平方の定理より，$x^2=(10-x)^2+(8\div2)^2$

$20x=116$　$x=\frac{29}{5}$

p.60～p.61 章末予想問題

1 (1) $\boldsymbol{x=9}$，**面積 84**

(2) $\boldsymbol{x=7}$，**面積** $\mathbf{4\sqrt{6}}$

2 $\mathbf{\frac{5\sqrt{5}}{2}}$

3 (1) ① $\mathbf{6\sqrt{6}}$ **cm**　② **54** $\mathbf{cm^2}$

③ $\mathbf{12\sqrt{2}}$ **cm**

(2) ① **3 cm**　② $\mathbf{18\sqrt{2}\pi}$ $\mathbf{cm^3}$

4 (1) $\mathbf{\frac{5}{2}}$ **cm**　(2) $\mathbf{\frac{13}{2}}$ **cm**

5 (1) $\mathbf{\frac{28}{3}}$ **cm**　(2) $\mathbf{\frac{91}{3}}$ **cm**

解説

1 (1) △ABD において，$\mathrm{AD}^2=15^2-x^2$

△ACD において，$\mathrm{AD}^2=13^2-5^2=144$

よって，$x^2=81$　$x>0$ であるから，$x=9$

また，AD＞0 であるから，AD＝12

$\triangle ABC=\frac{1}{2}\times(9+5)\times12=84$

(2)　$\triangle ACD$ において，$AD^2=x^2-(1+4)^2$
$\triangle ABD$ において，$AD^2=5^2-1^2=24$
よって，$x^2=49$　$x>0$ であるから，$x=7$
また，$AD>0$ であるから，$AD=2\sqrt{6}$
$\triangle ABC=\frac{1}{2}\times4\times2\sqrt{6}=4\sqrt{6}$

3 (1) ① $\sqrt{6^2+12^2+6^2}=\sqrt{216}=6\sqrt{6}$ (cm)
② $CA=CF=\sqrt{12^2+6^2}=\sqrt{180}=6\sqrt{5}$ (cm)
$AF=6\sqrt{2}$ cm
C から AF に垂線 CI をひくと，
$AI=FI=6\sqrt{2}\div2=3\sqrt{2}$ (cm) だから，
$CI=\sqrt{(6\sqrt{5})^2-(3\sqrt{2})^2}=\sqrt{162}=9\sqrt{2}$ (cm)
$\triangle AFC=\frac{1}{2}\times6\sqrt{2}\times9\sqrt{2}=54$ (cm^2)
③ 長方形 ABCD，BFGC をつなげてかいた展開図において，線分 AG の長さになる。
$\sqrt{(6+6)^2+12^2}=\sqrt{12^2\times2}=12\sqrt{2}$ (cm)
(2) ① 底面の円の弧の長さと，側面のおうぎ形の弧の長さは等しいから，半径を r cm とすると，$2\pi r=2\pi\times9\times\frac{120}{360}$　$r=3$
② 円錐の高さは，$\sqrt{9^2-3^2}=\sqrt{72}=6\sqrt{2}$ (cm)
体積は，
$\frac{1}{3}\times(\pi\times3^2)\times6\sqrt{2}=18\sqrt{2}\pi$ (cm^3)

4 (1)　$AF=x$ cm とすると，$DF=(9-x)$ cm
$AD/\!/BC$ より，$\angle FDB=\angle DBC$　……①
$\triangle BED\equiv\triangle BCD$ より，
$\angle FBD=\angle DBC$　……②
①，②より，$\triangle FBD$ は二等辺三角形とわかり，
$BF=DF=(9-x)$ cm が成り立つ。
$\triangle ABF$ において，三平方の定理より，
$x^2+6^2=(9-x)^2$　$x=\frac{5}{2}$
(2)　$BF=9-x=9-\frac{5}{2}=\frac{13}{2}$ (cm)

5 (1)　円外の 1 点から，その円にひいた 2 つの接線の長さは等しいので，$BD=x$ cm とおくと，$PD=x$ cm，$CP=21$ cm
D から AC に垂線をおろし，AC との交点を H とすると，$\triangle CDH$ において，三平方の定理より，$(x+21)^2=(21-x)^2+28^2$　$x=\frac{28}{3}$

8 章　集団全体の傾向を推測しよう

p.63 予想問題

1 (1)　**全数調査**　(2)　**標本調査**
(3)　**標本調査**　(4)　**標本調査**
2 (1)　**ある都市の中学生全員**
(2)　**350**　(3)　**㋒**
3 **およそ 48 人**
4 **およそ 2400 匹**
5 (1)　**68.9 語**　(2)　**およそ 62000 語**

解説

3 $320\times\frac{6}{40}=48$ (人)
4 ポイント　池全体の魚の数を x 匹とおいて，比例式をつくる。
$x:300=240:30$　$30x=300\times240$
$x=2400$
5 (1)　$(64+62+68+76+59+72+75+82+62+69)\div10=689\div10=68.9$ (語)
(2)　$68.9\times900=62010$ (語)

p.64 章末予想問題

1 **㋑**
2 (1)　**赤　10 枚**
緑　15 枚
青　15 枚
白　20 枚
(2)　**赤　およそ 100 枚**
緑　およそ 150 枚
青　およそ 150 枚
白　およそ 200 枚
3 **およそ 100 個**

解説

1 ㋐や㋒の方法だと，標本の性質にかたよりが出るので不適切である。
2 (1)　赤のチップの枚数の平均値は，
$(12+4+14)\div3=10$ (枚)
(2)　赤のチップの枚数を x 枚とすると，
$600:x=60:10$
$60x=600\times10$　$x=100$
3 黒い碁石の個数を x 個とすると，
$x:60=(40-15):15$
$15x=60\times25$　$x=100$

6 5 4 3 2
D C B A